矛盾重重:

关于如何管理中美跨国高科技公司的思考

RAJ KARAMCHEDU

第一版

ISBN-13: 978-0-9845762-8-9

SAARANGA BOOKS

由 Saaranga Publishers 出版

www.saarangabooks.com

www.thedisconnectbook.com

人物场所表

艾莫瑞半导体公司
艾莫瑞是一家无晶圆厂集成电路公司，也是本书故事所设定的场所所在。艾莫瑞的销售、支持部和部分市场营销员工位于北京、上海和深圳，而核心工程和产品市场营销小组则位于美国。

艾莫瑞美国工程部	**斯蒂夫，**高级工程经理；**梅，**工程师；**迈克尔，**工程部主管，斯蒂夫的上级；**艾瑞克，**软件工程师；**朱迪，**工程师；**亚历克斯，**工程师。
艾莫瑞美国市场营销部	**戴维，**市场营销部经理。
艾莫瑞中国工程部	**弗兰克，**中国工程部主管；**约翰，**系统工程师。
艾莫瑞中国市场营销部	**小马，**市场营销经理；**小宁，**市场营销经理。
艾莫瑞中国销售部	**杰夫，**销售部副总裁；**露西，**销售总监；**文森特，**销售总监；**小赵，**销售客户经理；**小余，**初级销售经理。
艾莫瑞中国支持部	**沃特尔·程，**应用工程小组组长；**大伟，**高级应用工程师；**小姚，**高级应用工程师。**安迪，**高级现场应用工程师；**亨利，**战略支持现场应用工程师。
艾莫瑞中国运营部	**鲍勃，**资深工程师；**塞缪尔，**生产控制工程师；**阿尔文，**负责产品测试与资质。
艾莫瑞人力资源部	**朱莉，**中国人力资源经理；**格蕾丝，**美国人力资源经理。
诸葛	艾莫瑞投资人。

三国公司
一家总部位于上海的无晶圆厂集成电路公司。艾莫瑞公司的竞争对手。三国公司没有国外办事处，所有员工，包括研发工程师在内，全都位于上海和北京。

枫叶公司
艾莫瑞的客户，后来变成了三国公司的客户。

目录

第一次会议

第二次会议

第三次会议

前言

在中美跨国高科技公司中，经常反复出现各种矛盾脱节问题，本书对此进行了重点关注。

如果您是此类公司的一员，不管您是主管人员还是经验丰富的个人贡献者，这本书都是为您而写的。

如果您身在美国，即使您自己还没有想过中国这个问题，您的上级领导很可能已经将其列入认真考虑范围了。贵公司和其他类似公司经常问起的主要问题如下：

- 在中国如何与中国本土新兴的产品整体设计（而非仅限于产品制造）公司竞争？

- 我们的主要客户已经在向中国转移，有鉴于此，我们是否也应该将研发团队迁到中国，以靠近客户？如果我们不动，中国本土的竞争对手在机动性方面势必超过我们，这会给我们带来什么风险？如果我们真的将研发团队迁到中国，这样带来的风险又是什么？回报是什么？

- 如果真的将研发部门迁到中国，让公司团队分处大洋两岸，那么我们应该如何来对公司进行管理？

有了这些作为背景，我想问一个相关问题："在这样的时候，作为专业人才的您，该如何继续保持自己的技能优势？"

在回答这个问题前，首先我们应该注意到，最近某些公司已经开始对"将研发部门迁移到中国"这一战略进行测试；少数公司已经在积极将这一战略投入实践，而另外一些则还抱着观望态度，在边缘线上徘徊。事实上，很有可能您所在的美国公司已经在中国设立了办事处，但还没有整个搬迁到中国。这种情况下，在管理需要中美团队共同合作的项目时，贵公司管理层很可能面临着重重矛盾带来的严峻挑战。

在这本书中，我想说明这些矛盾既是挑战，也是您拓展能力的机遇。我这样说的前提是，"将研发团队迁移到中国"这一战略在未来数年内，将一直是多数高科技公司全球战略的核心所在。

这意味着，绝大多数高科技公司中的新一代个人贡献者、中层和高层管理人员都将别无选择，只能面对"向中国迁移"这一无可阻挡且势头越来越盛的滚滚洪流。

反过来，这意味着对新一代的管理人员和个人贡献者而言，处理中美跨国公司组织事务的能力应该成为自己能力组合的核心部分。

我写作本书的目的，就是想以重重矛盾的形式，择其要者向读者介绍几种中美管理团队所面临的此类挑战。读完本书后，如果您对困扰着中美跨国企业管理层的核心问题更为熟悉，有了更深刻的理解，那么您就更有可能为您所供职的企业或自己创业的公司提供帮助。

主要矛盾

我曾在一家中美跨国企业供职多年。这家公司在大中华区和加州北部的硅谷地区都设有办事处。起初，我的职位是市场营销经理，后来升职为市场总监，最后兼任了首席运营官和产品营销副总裁两个职务。在多年的职业生涯中，我认识到，基本上所有中美之间的问题都围绕着一大主要矛盾。这一矛盾大致上可以用下面的话来概括：

美国方面的人说"和中国员工合作真是很难"，而中国方面的人则说"美国员工根本不了解中国"。

在绝大多数中美高科技公司里，围绕着上面这一主要矛盾，总会出现林林总总各种矛盾问题。在本书中，我将重点揭示在公司的日常运营中，这种种矛盾出现在什么地方，出现在什么时候，以何种形式出现？

当然，也会有例外。少数中美跨国公司管理得力，能够未雨绸缪化解这些矛盾。不过，随着越来越多的公司采取中美跨国运营模式，越来越多的管理人员将要面临着这重重矛盾。在本书中展示这重重矛盾的目的，就是为了帮助公司管理人员将矛盾化为最小

目标读者

我必须提醒公司高管层和投资人，本书旨在为经理级别的管理人员提供帮助指导，书中并未包含企业战略方面的建议，也未对中美战略或其他任何类型的战略进行探讨。

所以，这本书的目标对象并非高管人员，而是普通主管人员和在日常工作中需要处理各种真实矛盾问题的经验丰富的个人贡献者。这些个人贡献者和普通主管人员只要在日常工作中需要处理中美跨国执行所带来的种种混乱，并建立秩序，那么这本书就是为他们准备的。

故事情节设定

在我职业生涯的早期阶段，我怀着巨大的兴趣阅读了好几本商务书籍。谁没有这么做过呢？阅读的时候，我受到这些书的鼓舞，振奋不已。至于怎么样才能具体把我感受到的这种振奋运用到实践中去，当时的我并不是太关心。

这些年来，我有越来越多的机会处理公司中各种敏感重要问题，但奇怪的是，我从那些书中学到的东西竟然全都用不上。

也许这是因为我根本没有真正吃透那些书，也许是因为我应用不得法。但我心里也清楚，真实原因不是这样的。我想真正的原因是：这些书让我记住的不过是几句口号和几幅带着箭头的方框图或者圆形图，有的箭头指向这边，有的箭头指向那边。这些和我所面临的情况没什么关系。我觉得正是因为这种不相关，所以我才不能直接从这些书中得到多少真正的帮助。

真实的情况是这样的，不管我在什么公司工作，不管公司当时的情况有多么敏感、多么关键，我还是在和人打交道，和他们一起散步，一起交流。这些人一开始只是我的同事，但后来有一部分变成了我的朋友，我们一起为所在的公司尽心尽力。这些人不会为了方便我将对那些商务书籍的理解应用到实践中，而变成方框图、圆形图和箭头。因此，即便我还记得那些书中提到的商务概念，但却和现实情况联系不起来。

随着时间流逝，我逐渐认识到，所有这些方框、圆圈、箭头，都不足以表达我所面临的种种问题和顾虑，因为这些问题和顾虑总会和人相关，而这些人是我一起散步、一起聊天、一起工作，相互学习的朋友和同事。

所以，在这本书中，我决定以故事的形式把我的主要观点表达出来，并将重点放在这种人的相关性上。

在这本书中出现了各种人物，他们都是我虚构出来的，但其言行举止却让人觉得他们就是真实世界的公司中的真实人物。

故事的主要背景是一家虚构的无晶圆厂半导体集成电路公司。该公司名叫艾莫瑞半导体公司，在美国硅谷和大中华地区都设有办事处。

故事发生时，艾莫瑞公司正面临重大危机。一家由一群朝气蓬勃、积极上进的年轻人在上海创建的中国本土公司发展异常迅速，成为了艾莫瑞的重要竞争对手，正从艾莫瑞的手中抢夺客户，给艾莫瑞造成了重大威胁。

现在，我们的故事就要开始了。

矛盾重重

第一部分：
认识矛盾

第 1 章 | 噩耗传来

"别这么沮丧，看开点！"

梅坐在椅子上，看着同事斯蒂夫说。这是星期四下午六点刚过几分，在艾莫瑞半导体公司美国硅谷办事处的一幕。

近年来，很多新兴的半导体公司采用"无晶圆厂"经营模式，发展非常迅速，在中国大陆和美国硅谷都设有运营处。艾莫瑞便是其中之一。此类中美跨国公司兴起于 2006 年初，其核心研发和产品市场营销团队一般都位于硅谷，而包括销售、支持、系统工程和市场营销在内的其他所有人员几乎都放在中国大陆地区，艾莫瑞也采取了类似布局。

梅和斯蒂夫都是工程师。几分钟前，他们刚结束了持续两小时的会议，返回自己办公室的小隔间。

身在北京的销售副总裁头天晚上发来电子邮件，要求召开紧急会议讨论重大客户问题。邮件非常简短，并用红色粗体进行了强调。会议共有九人参加，包括来自销售部、市场营销部、工程部和支持部的人员。

驻扎在中国的销售部、支持部和两名市场营销经理在北京通过视频会议系统参加了本次会议。

美国办事处则有工程部的斯蒂夫、梅和主管，还有包括戴维在内的两名市场营销经理与会。

会议的主题实在令人沮丧。

销售副总裁开门见山地告诉各位，公司最重要的客户枫叶公司前不久开始测试竞争对手的芯片。

竞争对手三国公司位于上海，刚成立不久。

在消费者电子产品行业，枫叶公司可能是发展最快的公司。然而，最糟糕之处在于，他们现在认为三国公司的芯片优于艾莫瑞公司。三国公司的芯片多了两个针脚，这大大方便了客户枫叶公司的系统开发。

矛盾重重

会上，大家都注意到艾莫瑞公司的芯片没有那两个额外针脚。加上这些针脚并不难，但在送出设计定案前，谁都没想过多装上两个针脚。

销售副总裁露出一丝痛苦与失望的神色。"为什么我们的产品就没有这两个针脚？"他平静地问，但每个人都能看出他在强压怒火。

这是因为艾莫瑞公司没人知道原来这两个额外针脚对枫叶公司如此重要。

市场营销部的人员多数时候保持着沉默，好像还在咀嚼这一消息。但在心里，他们还在推卸责任。他们首先想到的是"为什么提供支持的工程部会漏掉这项要求？"

提供技术支持的工程部有自己的解释。情况是这样的。四个月前，当艾莫瑞公司对其集成电路的特色功能进行最终定案时，公司并没有派人与客户接触。为什么？因为公司没有接到客户报告的任何问题，和客户之间也没有什么尚待解决的问题。所以为什么要浪费开支呢？除非有理由支持需要拜访客户，否则就没有这项预算。所以艾莫瑞管理层没有让支持团队去拜访客户。

因此，在那期间，支持团队大约有六周没有和客户联系。也没人和客户的研发团队进行交流。再说了，及时通报客户要求方面的新信息难道不是市场部的事儿吗？他们的工作为什么要让支持团队来干？在任何情况下，支持团队都无"权"介入市场部的工作职能。

这就是支持团队给出的回答。

而与此同时，三国团队在做些什么就非常清楚了。他们几乎是驻扎在客户公司的门口。

销售副总裁的脸色更加愠红。他很清楚整个三国公司都位于上海，包括三国的核心工程开发团队。而艾莫瑞的关键团队却一分为二，一部分在美国硅谷办事处，一部分在北京。这意味着艾莫瑞公司需要不断处理管理中美团队所面临的种种挑战，而三国公司因为整个公司都位于上

艾莫瑞公司需要不断处理管理中美团队所面临的种种挑战，而三国公司因为整个公司都位于上海，所以根本不存在这个问题。

海，所以根本不存在这个问题。就凭这一点，三国公司就能集中全部精力满足客户需求。这让艾莫瑞的销售副总每天都头疼不已。

接下来是美国办事处的工程部主管迈克尔发言。

情况不妙。

迈克尔说，单单在艾莫瑞的集成电路针脚封装里加上额外针脚本身也许能很快办到，但即便如此，当芯片从晶圆厂返回后，我们也没有相应的软件方案能再为其创建新的内部逻辑。新的集成电路硅片压根儿就不是这么设计的。

所以我们现在束手无策。

三国公司加入这两个额外的针脚"真是聪明"，迈克尔说，这么做也立刻展示了他们的产品战略。

"你们看，这两个额外针脚，"迈尔克说，"就是一个明确的标志，说明在产品线方面他们至少超前考虑了两代。"

结果，两个额外针脚将帮助客户把两种不同的协议结合在一起，这对消费市场将极富吸引力。

这意味着客户现在能够生产"三合一"的系统盒，而这在市场上肯定还是独一份。

很明显，这会给客户枫叶公司和艾莫瑞的竞争对手三国公司带来新的市场，新市场即意味着新的业务额。

艾莫瑞被甩在了后面。

———

"这点我们讨论过，对吧？"美国市场营销经理戴维一脸沮丧。"那两个额外针脚不是什么了不起的新发明！我自己就提出过在新芯片中装上这两个针脚。要求文件里全都有！"

这么一说，支持部和工程部的人员也想起来了，几个月前在市场要求文件中似乎看到过类似要求。

当时他们一直不明白为什么产品需要这两个额外针脚。

他们对这两个针脚还有些模糊印象，但记不得是哪个客户需要。好像需要这两个针脚的是完全不同的另一个产品。

当时他们以为这个要求不过又是营销部那帮家伙心血来潮。营销部总是什么都想要，现在就要，也不解释原因。他们想起来了，曾经在走道上讨论过这个问题。应该有人跟进，开个会探讨的。这个会一直没开成。后来越来越忙，就把这件事忘得一干二净。

工程部主管迈克尔说，让人难过的是，如果他对自己公司未来的产品计划有所了解，那他自己就能和竞争对手三国公司一样，想出额外增加两个针脚的方案。

"甚至可能更好，真的。"迈克尔一边思考，一边说。

"如果我们当时想往那个产品方向前进，加上那两个针脚完全说得过去。我团队里随便哪个人都会这么告诉你！"迈克尔得出结论。

支持团队成员表示同意。

"但当时我们对未来产品方向一无所知。"支持工程师托尼说。

"戴维，我们的产品方向究竟是什么？"中国办事处负责客户枫叶公司的销售经理露西面带一丝嘲讽的微笑，将这个问题扔给了美国市场营销部经理戴维。

电话会议屏幕上的画面并不是很清楚，但即便如此，美国办事处的与会人员也能看到露西讥讽的微笑。低沉的话筒中传来露西的声音，带着一丝嘲讽。

不等大家回答，露西就拿起自己刚刚响起的手机，走出了会议室。

一分钟后，露西回到会议室。

她一脸怒容："刚才是枫叶公司打来的电话。他们告诉我说现在他们全副精力都放在了三国公司芯片的评估项目上。我们的项目他们将来再考虑。"

大家都了解露西，她是艾莫瑞公司在中国的明星销售经理，会议室里每个人都同样感到恐慌。露西可从来没有这么失态过，除非她觉得自己会失掉这个客户。

于是大家都明白了，情况非常危险，在枫叶公司这个项目上，他们的设计很可能落选。每次客户决定这么快地采取行动，将自己宝贵的工程资源重新分配到评估竞争对手的芯片上，都不是什么好兆头。

更糟的是，会议室里没人能提出任何技术方案来解决这个问题。

"你能和客户谈谈吗？也许可以在价格上给他们一些优惠，或者想想别的办法。"美国办事处的一名工程师说，声音苍白无力，因为他本人也很沮丧。

露西没有回答，只是通过摄像头注视了他们片刻，然后扭转头，继续盯着自己的手机。

销售副总也没理这个建议。他不想在这个会议，和这群人讨论这一问题。

"你们集中精力搞好产品，销售和定价问题让我来操心好了。"露西谁都没看，眼睛依然盯在手机屏幕上。显然，她很不爽。

然后，露西和杰夫交换了一下眼色，都觉得最好赶快结束会议，再单独讨论。

走出会议室时，大家都垂头丧气。有的人在失望沮丧的同时还迷惑不解。他们怎么会在这么短的时间内，便让自己处于如此境地，面临失去该客户的危险。对此，没有一个人有清楚的认识。

工程和支持团队觉得自己让销售团队失望了，情绪更是异常失落。

市场营销团队感到心里空荡荡的。一方面，他们为自己正确解读了市场信号而深受鼓舞。不正是他们想出了额外增加两个针脚这个好主意，并写到要求文件里了吗？但另一方面，他们可能已经失去了这个客户。想到这里，那种欢欣鼓舞便立刻烟消云散。他们也觉得自己让销售团队失望了。

每个人心里，对为什么会发生这一切都有一些模糊的看法，但还不是很清晰。他们的脑子乱成一团，难以理清思路。

美国办事处这边，斯蒂夫，就是刚才在会上提出给客户价格优惠的工程师，正垂头丧气地往大楼工程部走去。

同事梅和他在一起。

工程部主管迈克尔说自己团队中任何人都应该能认识到这两个额外针脚的价值，斯蒂夫知道这话是什么意思。

"也许我应该考虑自己把针脚装上去，而不是去征求别人的意见。"斯蒂夫对梅说。

"写入内部逻辑只需要两天功夫。"斯蒂夫继续道，声音里满是沮丧。"也许我应该为设计定案再争取两天时间。也许我应该更警觉些。"

也就是在这时，梅让斯蒂夫看开点。那是星期四晚上，地点是艾莫瑞半导体公司的硅谷办事处。

这一切都发生在十月初。

第 2 章 | 陌生来客

接下来的四个星期里，艾莫瑞没有什么值得欢欣鼓舞的事情。

这些天来，设计可能落选这个问题一直萦绕在艾莫瑞每个员工心头，让他们忧心忡忡。而噩梦真的变成了现实。

客户枫叶公司将艾莫瑞的项目搁置一段时间后，最终决定采用艾莫瑞竞争对手三国公司的芯片。

艾莫瑞销售经理露西为了挽回不利局面，数度向客户提出价格优惠。但对枫叶公司来说，这一决定不仅仅是价格高低的问题。

枫叶公司在做决定时，主要考虑了三国供应商对客户需求的整体响应速度。

从一开始，三国公司便对枫叶公司期望的两个额外针脚表现出了强烈兴趣。三国公司的工程师想方设法将这两个额外针脚纳入了他们的新集成电路设计中，并确保这一全新的特色功能完全符合客户的要求。为了做到这点，三国公司提前将这两个针脚的相关信息告知了客户，并在新芯片设计定案前，反复与客户确认。

枫叶公司在做决定时，主要考虑了三国供应商对客户需求的整体响应速度。

而与此同时，艾莫瑞的管理团队却认为和客户之间没有任何尚待解决的问题，因此不同意艾莫瑞支持部经理拜访客户。结果，在这段时间里，艾莫瑞的支持和销售团队没人认真和客户进行过沟通交流。

设计落选让艾莫瑞公司的所有人员都失望不已。

11 月，艾莫瑞公司宣布感恩节期间美国办事处关闭一周。管理层要求所有员工都必须在公司停业期间使用自己的年休假。

———

感恩节放假前的星期三上午 10 点，美国工程团队召开了小组会议。

因为在枫叶公司芯片设计项目上输给了对手三国公司，每个人都是一脸沮丧。

销售副总杰夫召开首次会议后，接下来大家又碰了几次头，绞尽脑汁想找出解决方案。但是除了重新进行设计定案外，似乎别无他途，而重新设计又毫无可能。

即使再投钱重新设计定案，等新芯片设计好时，已经错过了枫叶公司设计项目的决策期限。

不到半个小时，几个议题便讨论完毕，正式的工程会议结束。不过这种情况下，行动项目总结完毕后，团队成员往往会展开开放式讨论。

大家正准备离开时，迈克尔叫大家再稍坐片刻。

"我们公司来了一位贵客，要呆整整一周。"迈克尔说，"这位客人叫罗伯特·莫尔。"

"你是说，那个罗伯特·莫尔？"斯蒂夫问。

"没错，就是那个罗伯特·莫尔亲自来了。"迈克尔微笑。今天早上在办公室看到莫尔时，他的反应和斯蒂夫一样。

罗伯特·莫尔是芯片界响当当的人物。在工程圈子里，他更是备受景仰。

莫尔创立了一家非常成功的芯片公司，在业内打拼 25 年后，他从自己的公司光荣退休。

没有退休前，莫尔以两件事闻名业界。

第一，身为技术工程师，莫尔具有丰富的实践经验，亲自设计了公司的第一件产品。

第二，他帮助公司创建了非常有效的企业文化。

到现在，人们都还津津乐道于莫尔公司的文化如何发挥关键作用，帮助公司从一个小型创业企业成长为营收数十亿的大公司。

有意思的是，在过去半年里，莫尔对投资艾莫瑞半导体公司产生了兴趣。但在决定投资前，莫尔希望详细了解艾莫瑞公司的现状。

莫尔已经从艾莫瑞的首席执行官处听说了最近枫叶公司设计案失利一事，不过莫尔认为，一次设计失利并不能真正说明整个公司未来的成长前景。

此外，艾莫瑞公司一直声誉良好，是其所在细分市场的业界先锋，这一点也颇让莫尔心动。

不过莫尔认为，一次设计失利并不能真正说明整个公司未来的成长前景。

"莫尔会找你们中的某些人详谈。"迈克尔说，"可以和他放开了谈。他的经验和成功经历很可能会对我们大有裨益。"

即使迈克尔不提，在场的所有人都明白，谈话和最近枫叶公司设计案失利有关。

"他打算只和美国团队谈，还是也要和中国团队谈？"另一位工程师亚历克斯问。

"他也会和中国团队谈。事实上，他已经订了飞中国的机票，打算在那里呆一个月，和每个人都谈谈。"迈克尔回答说。

工程团队中有几个人觉得这"真是太好了"。还有一些人觉得紧张，不过想想莫尔出名的辉煌历史，还有他乐观的性格，不由又觉得好奇，甚至盼望着此次与莫尔交流的机会。

他们的想法是"我们当中又有多少人有这种机会和成功人士面对面交流呢？"

——

"叫我诸葛里昂。"莫尔微笑着说，"我们用名字来找点乐子。诸葛里昂这个名字让你们想到什么了吗？"

"嗯，听起来像诸葛亮？"梅又惊又喜，被逗得笑了起来。

"没错。"莫尔微笑，"答对了，不错！"

"您竟然知道中国有名的三国故事中最重要的人物诸葛亮，真让我惊讶！"斯蒂夫忽然顿住，似乎刚刚意识到了点什么。

"我们的竞争对手就叫三国半导体公司！"斯蒂夫兴奋地说。

"对。"诸葛亮微笑，"所以这意味着各位可以向竞争对手学习，对不对？"

"我觉得可以。"斯蒂夫微笑着说，并暗中猜测这个人还会给他们带来多少小小的惊喜。

"这种学习方式也没那么糟，对吧？如果诸葛亮对你们这些说惯西方话的人来说太拗口的话，就叫我诸葛吧。"诸葛亮对着亚历克斯说，并再次微笑。

"好，我们全都叫你诸葛。"梅笑道。

大家已经开始觉得莫尔平易近人，和他在一起非常舒服，好像他就是自己人一样。

玩笑过后，大家安静下来，诸葛开始发言。

"各位，我已经听说了艾莫瑞发生的事情。如果各位因为枫叶公司设计案失利而失望沮丧，我完全理解，毕竟这个客户是贵公司最大的收入来源。大家觉得沮丧也说得过去。现在我来和大家谈笔交易。"

整个美国工程团队都聚集在这间屋子里，包括斯蒂夫、梅和亚历克斯。听到莫尔的话，他们全都把身子微微向前倾，热切期待着下文。迈克尔没有参与此次会议，因为诸葛只希望和艾莫瑞美国办事处的个人贡献者谈话。

"我想和各位分享一些我管理半导体公司的成功经验。我没有什么可教诸位的。你们已经具备绝大部分知识，我们只是聊聊。接下来的一两天里，咱们一起探讨探讨。不过，各位得向我保证一点。"诸葛说道。

"如果您能帮助我们更好地理解目前的状况，那真是再好不过了。您希望我们做些什么？"斯蒂夫问。

"你们要向我保证，在讨论时能够真正保持开放的心态。"

"就这个？我们一向如此。不过不管怎么样，我们全都向您保证！"他们三个纷纷表态。其他人则安静地听着。

"提醒各位一下，这没那么容易。"诸葛笑起来，"我当然相信各位会保持开放的心态，但我还是要提前警告各位，有时候人往往会忍不住采取防备态度！"

"不会，不会。"梅说。"认真说，我们非常谢谢您愿意和我们分享您的经历。我们都清楚，光是敞开心扉和您进行探讨这个机会本身就对我们大有裨益。"

"我们别无选择，必须保持开放的心态。"亚历克斯说。

"没错。"斯蒂夫表示赞同。

"太好了。那我们先花几分钟时间谈谈企业成功的一般要素，大家觉得怎么样？"诸葛说道，然后要求在场所有人靠拢一些，都坐到桌边来。这话诸葛是特别针对坐在墙边椅子上，离会议桌比较远的人说的。

设计失利让人灰心失望，这时候人往往会忍不住采取防备态度。

大家全都在会议桌边坐定后，诸葛走到白板前，用寥寥几笔和几个字画出了这幅图：

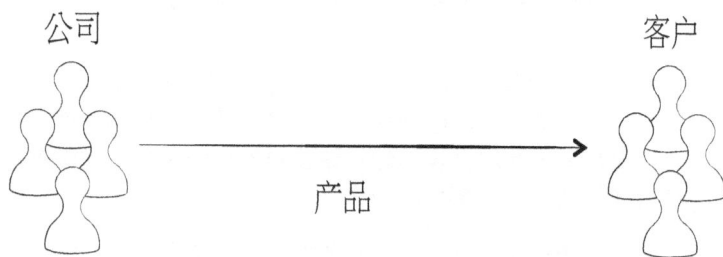

公司　　　　　　　　　　　　　客户

产品

然后说："我希望大家看看这幅最简单的公司示意图。"

亚历克斯看着图微笑。他脑海里立刻闪过两个念头。

第一个念头是："认为一家公司所做的一切就这么简单，这种想法真是幼稚！"紧接着的第二个念头是："这幅图确实简单明了，而且反映了真实情况!"

诸葛继续说："我认为，所有公司归根结底都是如此。图的左边是你们艾莫瑞公司。从最根本的角度看，你们得把产品从自己公司转移到另一侧的客户处。"

梅盯着示意图看了一秒钟，然后身子向前倾，指着图片的每部分说："有些公司有产品，但没有客户。有些公司有客户，却还没有产品。"

"另外一些情况下，因为出现财政问题，公司本身甚至都会消失不见。"斯蒂夫想起自己数年前曾供职的第一家创业公司，不由微笑。

"还有，有的公司可能既有产品，又有客户，但是因为竞争，产品价格过高，这种公司也无法继续生存下去。"亚历克斯说。

"事实上，我们最近枫叶公司设计案失利一事也有类似之处。"梅说，"我们有产品，我们有客户，但是客户不喜欢我们的产品，所以客户消失了。"

"这个我已经知道了，迈克尔告诉过我。"诸葛说，"恐怕随着客户的消失，公司过不了多久也会消失。竞争对手开始为客户提供更好的产品。"

然后，诸葛又在白板上画了这样一幅图。

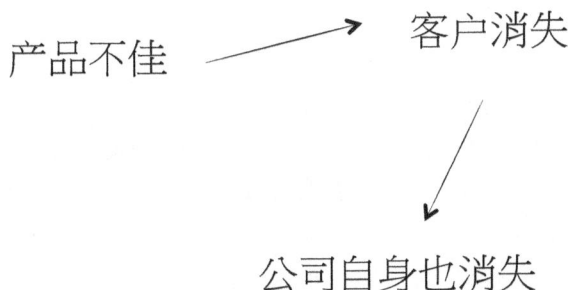

产品不佳 ➜ 客户消失

公司自身也消失

"没错。"诸葛继续道，"这意味着，商场上没有什么是百分之百保险的。好公司必须年复一年长期兼顾三者：公司、客户、产品。"

然后，诸葛返回自己的座位，往后一靠。

会议室内所有人都继续盯着白板上的示意图看，有些人，比如斯蒂夫，想起了自己以前工作过的公司，并试图在脑海里飞快地辨别，以前的公司是失败在图中所示的哪个阶段。

"当然，这只是一种简单化的视角。"诸葛沉默了几分钟后说，"在'产品不佳'圆圈中，会有上百种不同的模式造成产品不佳这一现实。对吧？"

亚历克斯好像也在思考同样的问题，他掰着指头计算："为什么产品不好，产品的哪方面不好，是时机问题，功能问题，还是价格问题，还是别的什么问题？"

"有时候还可能是销售和客户之间的关系问题。"斯蒂夫回忆起自己以前在别的公司的经历。

"没错。"诸葛说，"最后，我们得记住，我们都是人，如果对某个产品感觉不好，我们就不会购买！客户也和我们一样都是人。我们自己对供应商的态度也是如此，对吧？"

"这个问题确实严重。"斯蒂夫评论道，好像在大声自言自语，"像我们这样的创业公司，一次设计胜利或失败就可能决定我们的成败。"

——

"好，咱们稍微换个话题，我想谈谈艾莫瑞设计案失利这件事。"诸葛说，"因为这正是'产品不佳-客户消失-公司自身消失'这一循环的典型范例。至少，部分体现了这一循环，因为艾莫瑞还在，情况也还不错。"

"我希望艾莫瑞公司不会消失。"斯蒂夫笑道。

"当然谁都不希望被困在这个消极循环圈里。"诸葛笑着说。

然后，诸葛开始概括说明自己希望在座各位如何对最近枫叶公司设计案的进展情况进行探讨。

他对会议室的所有人说：

"昨天，我和迈克尔随便聊了几句。他告诉了我一些关于艾莫瑞设计失利的具体细节。他认为，贵公司客户枫叶公司之所以做出这一决定，是因为他们得出结论，认为艾莫瑞响应速度太慢，这是他们的主要顾虑。在座各位也是这么认为的吗？"诸葛问道。

响应速度慢是你们设计失利的原因。但是客户不会告诉你响应速度慢会带来很多不良后果。

斯蒂夫回答说："是，我们从枫叶公司听到的根本原因也差不多是这样。"

"我的理解是这样。这里面包含两层意思。"诸葛说，"首先，失利的根本原因；第二，该原因带来的后果。客户只会告诉你根本原因。响应速度过慢是根本原因。但是客户不会告诉你响应速度慢会带来很多不良后果。其中一个具体后果就是，艾莫瑞的新集成电路没有满足对两个额外针脚的要求。"

"您的意思是还有更多后果？"亚历克斯问。

"对。我敢肯定这绝不是唯一后果。你们在艾莫瑞可能还不知道所有后果。但不管怎样，最终的伤害已经造成，你们已经失去了这个客户。"诸葛的声音非常坚定。

诸葛继续。

"我希望艾莫瑞的每位员工都能以此次失利为契机，做到更好。我是公司的未来投资人，愿意在这个过程中为艾莫瑞提供帮助。首先，我想轮流和公司每个人谈谈。"

"您这么做是为了决定到底要不要给艾莫瑞投资，对吗？"亚历克斯问。

"对。不过，我也乐于为艾莫瑞团队提供帮助。我知道还有别的投资人准备把钱投给艾莫瑞。但我想要的不仅仅是投资，还想确保我的资金安全。不过，只有在得出结论，决定我能够帮得上的情况下，我才会把时间投入到艾莫瑞团队上。"

"您能告诉我们怎么样您才觉得能帮得上吗？"提问的是朱迪，也是工程师。

诸葛是这样回答的："我和各位讨论的目的有二。一，我希望大家能找出到底出了什么问题，什么时候出的问题，怎么出的问题，在哪里出的问题。二，找出艾莫瑞应该如何改变经营方式来避免这些错误。所以，第一个目的是查出病因，第二个目的是找到治病良药。"

"如果还有药可救的话。"亚历克斯低声嘟囔了一句。

"有道理。"诸葛说，"找出问题未必意味着就能找到解决方案，我同意。"

然后，朱迪问了这么一个问题。"莫尔先生，刚才您说您只有得出结论，觉得自己能够帮得上才会花时间帮我们，您这么说是什么意思呢？"

诸葛盯了她一眼，眼里满含笑意。"好问题，很尖锐。我这么回答吧。有时候，我在以前的职业生涯中遇到过这种情况，对方就是没有做好接受帮助的准备，甚至在我们这样的高科技公司里也是如此。"

"怎么会这样？为什么？"朱迪问。

"嗯，有时候人还处于防备状态，还处于推卸责任的状态。对出现的所有问题，他们还处于将其简单化、概括化的阶段，继续坚持认为其实没有什么问题。"诸葛说。

诸葛继续："瞧，搞砸了枫叶公司这种大客户的设计案是件非常影响情绪的事儿，给人的压力也很大。对艾莫瑞来说，是一次重大挫折。所以艾莫瑞的员工对此可能会比较敏感。"

诸葛稍微停顿了一下，然后继续。

"这种时候，他们就会指望我这样的人，认为作为潜在投资人，我有责任解决他们的问题。在心理上，他们会把问题交给我或我这样的人，期望由我来解决。他们可能不会公开这么说，但在心里，他们觉得问题出在别的地方。"诸葛这么说道，脸上波澜不惊。

"这样不对。"斯蒂夫似笑非笑，"我的意思是，我们应该用开放的心态对问题进行反省。"

"所以您是要看看我们是否还处于那样的防备状态，对吗？"朱迪问。

"对，实话说，我的时间宝贵，如果我觉得自己不能让各位看到问题的原因所在，那么我就不愿意多浪费时间。"诸葛说，"在座各位也应该像我这样珍惜自己的时间，这样才不会浪费。"

　　诸葛又停顿了片刻。

　　然后微笑着问："我说的大家赞成吗？"

　　"当然！很高兴您能用更高的标准来要求我们。"朱迪笑得有点尴尬，"我们都赞成。"

"实话说，我的时间宝贵，"诸葛说，"如果我觉得自己不能让各位看到自己的错误所在，那么我就不愿意多浪费时间。"

第 3 章 | 如何定义矛盾脱节问题

"嗯,好吧。咱们来谈谈枫叶公司的决定。大家觉得实际情况是怎样的?"诸葛问。

梅回答说:"我们艾莫瑞的工程人员在午餐时对这个话题讨论过多次,每个人都有自己的看法。"

"不过我们一直达不成一致,因为每个人的经历、背景,甚至个性都各不相同。"亚历克斯说,"所以,对为什么失去枫叶公司,我们很难得出一个统一的结论。

"你说的这点非常重要,值得大家思考。"诸葛对亚历克斯说,"没错,每个人的经历、背景、个性等等都各不相同。但是,设计案为什么会成功或失败,一家成功的公司总可以利用一些别的什么来得出统一的结论。"

"如果公司的成功只是取决于员工的性格、经历和背景,那么,在枫叶公司设计案失利这件事上,也许我们永远也得不到一个所有人都赞同的答案。"诸葛说,"不过,不要灰心。我们身边又不是只有艾莫瑞一家半导体公司。还有几家大公司做得相当成功,他们成功的主要原因就在于他们的运营方式。三国公司就是一个很好的例子!"

"公司的驱动力不应该仅来源于员工的背景、个性和经历,这是问题的关键所在。"诸葛继续。

所有人都一脸疑问地看着诸葛。

"推动公司前进的主要动力是,也应该是流程。这听起来可能会有点奇怪,但是流程确实能减少日常决策的压力。如果流程不到位,如果流程得不到公司所有人的遵守,那么,公司这艘大船就会随波逐流,而不是按照你期望的航向前进。"

诸葛继续:"不过,咱们暂时把流程搁到一边。我们还没做好讨论流程的准备。"

"我担心的是枫叶公司设计案失利会对我们公司造成什么影响。"朱迪说。

矛盾重重

"这意味着我们完不成本季度的营收任务吗？"梅的问题说出了此刻所有人的心声。

"你知道咱们这季度的目标是多少吗？"有人问。

梅笑着说不知道。

"有人知道咱们上个季度或上上个季度成绩如何吗？"亚历克斯问。

没人知道。

"先别管季度数字。咱们公司的战略总有人知道吧？"亚历克斯问。

整个会议室里居然没一个人知道公司的战略是什么。

"我想看看市场营销部的产品路线图。"亚历克斯说。

大家正谈论得热火朝天时，诸葛从包里掏出一本笔记本，迅速地在上面记了几笔。

然后他抬起头说："枫叶公司的集成电路计划是在第三个季度才全面生产，所以这次设计案失利的影响在未来两个季度里还看不出来。不管怎么样，此次设计案失利的原因究竟是什么？刚才大家都在讨论这个问题，对吧？那咱们放开了谈谈。"

"嗯，我们刚才已经提到过，客户认为我们的响应速度太慢。"梅说，"我们整个支持团队都在中国。他们才是为客户提供设计支持的一线人员。我们不清楚那里到底发生了什么。他们都做了些什么？"

"我不断听说你们的中国团队成员对你们不太满意，认为你们的响应速度太慢。"诸葛用肯定的语气说。

亚历克斯条件反射般摇起了头，似乎难以置信。不过他没有急于开口，好像确实是在努力放开思想，想想中方团队的抱怨是不是多少有些道理。

"嗯，我们知道中美团队之间有些交流方面的问题。"斯蒂夫说，"不过我不能肯定问题是不是出在我们这边。每次他们提出技术支持方面的问题，我们都得一次次重复，给中国团队那边不同的人不断解释。"

"我知道。我们详细回答了某个人的问题。四五天过后，同一个团队其他人又会问同样的问题！好像前面那个人从来没问过我们这个问题一样！也许他们相互之间根本就不交流。"软件工程师艾瑞克说。

"真让人失望。"朱迪说，"为什么中方团队的反应那么迟钝，要四五天才给客户答复？"

"他们需要我们帮助时，从来不会把问题详细描述清楚。"艾瑞克的话中带有一丝怨气。

"是不是因为你们期望他们用英语描述清楚？"诸葛问，"不过真的是英语的问题吗？我不这么认为，大家觉得呢？"

"我觉得和中文还是英文无关。"亚历克斯说，"他们就是没有这种意识，不知道该怎么像工程人员一样描述问题。"

"也许他们担心自己描述不好，不想让大家看到他们描述错了。"艾瑞克说，"也许关系到中国人的面子问题。"

"美国这边的市场营销团队好像也好不到哪里去。他们怎么会漏掉关于那两个额外针脚的要求呢，我真搞不懂！"斯蒂夫说。

"这边的情况更糟。集成电路在开发过程中，市场需求文档的目标是在不断变化的。"朱迪说，"我们需要有人做出参考设计样品。支持团队应该在将芯片提供给客户前对芯片的每个特色功能进行测试。"

"我们不知道中国那边到底是怎么回事儿，这让我十分苦恼。有时是客户的问题，有时是参考设计样品的问题，有时是系统问题，他们根本就不做任何文件记录。"斯蒂夫的声音里带着一丝气馁。

> **"我们不知道中国那边到底是怎么回事儿，这让我十分苦恼。他们根本就不做任何文件记录。"斯蒂夫的声音里带着一丝气馁。**

"就在我们团队里，我们很多人都曾经把同样的答案向中国团队重复过无数次。这些答案记录在哪里了？"梅说道。

"不应该指望个人。我们真的是什么流程也没有。不管谁走谁留，流程应该始终保持不变。"艾瑞克说。

"高管层应该告诉我们公司每个季度或每个月的销售情况和前进方向。"亚历克斯说，"这样至少我们知道这次设计案失利会造成多大的影响。"

"这没什么新鲜的，"斯蒂夫说，"咱们公司一直缺乏专业执行力！"

———

然后诸葛说："我现在得到的印象是，各位和贵公司的中国同事之间出现了一些矛盾。这艘大船缺乏严格有效的管理，正在随波逐流。"说到这里，他咧开嘴笑起来。

忽然之间，屋子里每个人都停止了交头接耳，看着诸葛，脸上带着一丝紧张的微笑。他们忽然意识到，诸葛在听完他们的议论后，很可能会开始纠结是否应该对他们公司进行投资。

"不过他才刚刚开始进行尽职调查。艾莫瑞的很多情况还有待他去了解。"斯蒂夫想，"在完成分析前，他不会这么快就下定决心。"

"我来展开说说自己的想法。首先，咱们退后一步，看看艾莫瑞到底是个什么状况。然后我会进一步谈谈中美团队之间的矛盾脱节问题，我会将这个问题掰开揉碎了仔细分析。"

接着诸葛走到白板前，看着会议室里的人说："大家都知道，艾莫瑞公司有中美两个办事处。我们也知道对公司集成电路进行评估的主要客户都在中国。现在请各位告诉我，在艾莫瑞公司，哪些活动是在美国这边进行的，哪些是在中国那边进行的？"

听完大家的回答后，诸葛飞快地在白板上画了下面这幅图：

艾莫瑞活动

公司战略   投资人/股东沟通

公司   客户

产品/市场战略   创造新机会

工程执行   产品   支持执行

保住现有客户

定义新产品   销售执行

争取新客户

美国   中国

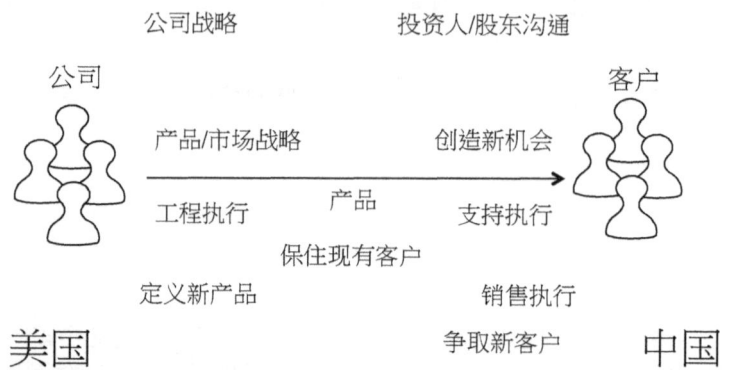

"各位可以看到，这样分配活动似乎有一定道理。销售和支持团队更靠近位于中国的客户，工程团队更靠近位于美国的公司，对吧？"诸葛说。

"但是不知道为什么，这种组织方式好像不太有效。"朱迪说。

"说得没错。我的兴趣主要在于如何帮助艾莫瑞，所以我一直想搞明白问题是否出在艾莫瑞的组织结构上。但这幅图并没有告诉我我想了解的情况，只是在一个较高的层面上说明了成功所必需的因素。"诸葛说，"这幅图还缺了些什么。"

他重新审视这幅图，越看越不满意。

"这幅图没告诉我艾莫瑞的问题出在哪里。"诸葛再次提高了声音。

然后他似乎想到了什么，于是走到白板前，稍微改动了几笔，现在这幅图变成了这样：

矛盾重重

成功的中美跨国公司
其文化与客户需求是一致的

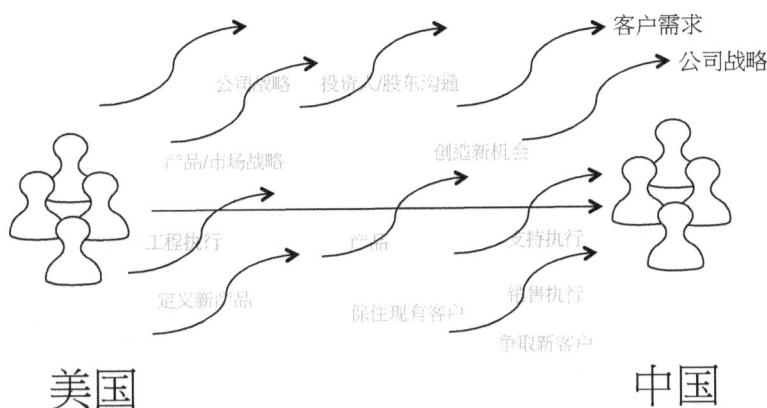

"一家公司，不管是中美跨国公司还是地方企业，其成功的要诀就是公司的一切活动都必须和客户的需求及公司战略保持一致。"诸葛完成改动后说。

"也就是说，所有指向艾莫瑞目标的这些箭头，都应该指向同一个方向，与中国和美国办事处的期望、目标、心态观念保持一致。"斯蒂夫自言自语地说。

"当然应该这样。我们也一直在努力这么做，但很明显，我们还需要改进。"梅说，"枫叶公司这个项目，我们就没有做到这点。"

"对，是没有。"诸葛回答道，"大家知道为什么吗？是这样的。这次会议上，咱们已经花了大约半小时来讨论枫叶公司设计案失利问题，已经有了两个重要发现。第一，客户说设计案失利原因在于我们响应太慢。第二，你们当中有人提出，在美国团队和中国团队之间出现了一些严重的内部问题。"

"我认为中美之间的问题多半是沟通上的问题。"斯蒂夫说。

"对，沟通是问题的一个主要方面。"诸葛说，"不过不仅仅是沟通问题。"

诸葛一边这么说着，一边开始从另一个角度分析这个问题。他没有大声把自己的疑问说出来，而是低声问自己："如果我要更好地理解枫叶公司设计案为什么会失利，那么艾莫瑞公司的哪个方面是我必须要了解的最重要方面？"

他从白板边走开，思考了片刻。

"文化，"他大声说，"这是我最希望了解的。你们这里的文化是什么样的？"

所有人都看着诸葛，屋子里鸦雀无声。

"但怎么去辨认呢？"诸葛继续，"对这个问题，我们思考得还不够。我们还不知道如何辨认艾莫瑞的公司文化。我们需要找到辨认方法。"

诸葛忽然精神抖擞起来。"现在我们要行动起来。我们这个房间里所有人共同努力，一起来找出理解艾莫瑞公司文化的方法。"

———

"怎么找？"亚历克斯问，"在艾莫瑞公司有我们能辨认的所谓文化点吗？"他有些疑惑，不清楚答案是什么，希望在公司文化方面经验丰富的成功人士诸葛知道答案。

而诸葛则清楚，艾莫瑞公司的文化就反映在公司员工的行为方式上。

诸葛回答说："文化通常就反映在艾莫瑞员工对客户说了些什么，是怎么说的，说后是怎么做的。"

然后他继续补充道："有没有对客户进行跟进？还是太懒，过一两天就忘了？或者都觉得其他同事会跟进，结果就是没人跟进？

"艾莫瑞公司文化的一大重要组成部分就是，你们如何和彼此相处，而不仅仅是如何响应客户需求。

"接着就要说到习惯问题。好习惯和坏习惯。艾莫瑞全体员工在工作中的习惯合起来就构成了公司的文化基础。"

"然后是心态与观念的问题。"诸葛进一步阐述，"艾莫瑞员工是否对自己所在的行业有个大局观？你们是否都有相应的管理观念？"

"还有，"说到这里，诸葛不禁微微一笑，"在艾莫瑞公司，你们有妥善的流程吗？公司所有人员都遵守流程规定吗？"

诸葛微笑是因为他清楚迟早都会问到流程这个问题。他知道流程非常重要，是高科技公司成败的关键所在。

然后诸葛走到旁边那面墙上的另一个白板边，迅速又画了一幅图。

他列出了几大类别，在旁边分别标上"心态与观念"、"预期"、"习惯"、"执行能力"和"流程"。每一类都代表了艾莫瑞公司的一种具体价值和素质。

然后他在艾莫瑞中国和美国分部的上面各画了一个箭头，分别指向相反的方向。

"这幅图代表中美团队没有做到协调一致。"诸葛说，"这可能反映了艾莫瑞的真实情况。"

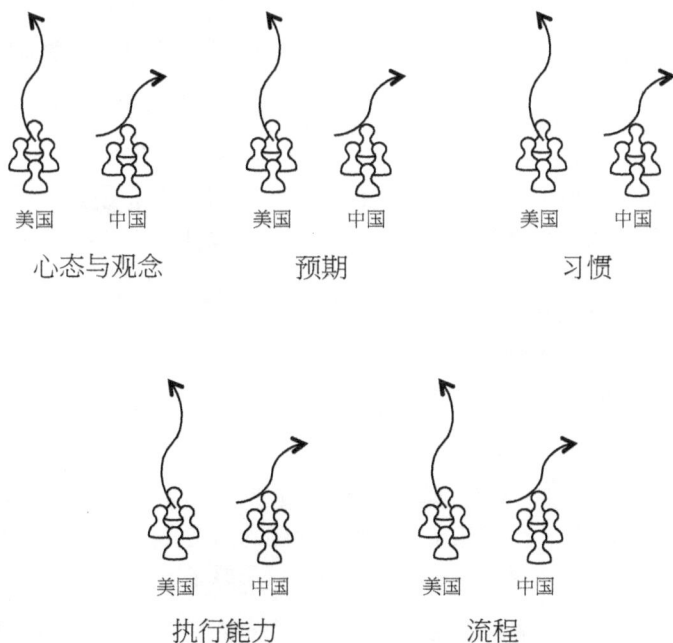

美国　中国　　　　　美国　中国　　　　　美国　中国

心态与观念　　　　　预期　　　　　　　习惯

美国　中国　　　　　美国　中国

执行能力　　　　　　流程

斯蒂夫盯着图看了一两分钟，然后问："您是想说每个箭头指向相反方向，意味着中美团队不协调一致，对吗？这倒是个大问题！"

诸葛自己也盯着图看了片刻，然后转头问会议室里的其他人："大家有什么想法？艾莫瑞的情况是这样吗？中美团队之间是不是处处都存在着矛盾脱节问题？"

"在艾莫瑞的这幅中美组织结构图中，矛盾出现在哪里呢？这是个大问题。"梅说，"不过我喜欢您的这种方式，将矛盾脱节这一抽象概念细化、具体化。我觉得自己现在对这个问题有了更好的理解。"

"你觉得这幅图能帮助你理解，我挺受鼓舞的。"诸葛回答说，"现在，我们先得找出这些价值。"诸葛边说便用圆圈将白板上的每一类别圈起来。

"我们不仅要在艾莫瑞公司中找出这些价值，还要找出这些价值相互矛盾之处。然后还要搞清楚这些矛盾如何影响了艾莫瑞中美团队之间的合作。"诸葛进一步阐述。

斯蒂夫立刻就有一些疑问。

"首先，这些价值在艾莫瑞能辨认得出来吗，能一个个分得开吗？"斯蒂夫心里有些疑惑，"如果是这样，这些价值之间有因果关系吗？我们艾莫瑞员工能做些什么来提高这些素质呢？最后，这真有助于改善公司中美运营部之间的关系吗？"

> "我们不仅要在艾莫瑞公司中找出这些价值，还要找出这些价值相互矛盾之处。然后还要搞清楚这些矛盾如何影响了艾莫瑞中美团队之间的合作。"

不过，斯蒂夫没把自己的想法说出来。不知怎么回事，他想自己再好好想想。

而诸葛现在则已经知道自己该从艾莫瑞员工身上找寻些什么。在未来四个星期里，他将和艾莫瑞中美两国的员工交流讨论。在此期间，他会根据图中这五种矛盾脱节类型对艾莫瑞进行评估。

"在艾莫瑞，哪类矛盾问题重重，哪一类不存在任何矛盾，每类之间如何相互关联，这些将是我重点关注的问题。"诸葛微笑着说。

第 4 章 ｜ 如何定义中美跨国公司的执行能力

已经沉默了一阵的亚历克斯轻咳了一声，把身子往前探了探，似乎想说点什么。大家都安静地等着。

"诸葛，这个问题可能有点搞笑。"亚历克斯犹豫了一下，似乎不太有把握，"不过既然我们是开放式讨论，那我想问您一个问题。"

"请问，不用犹豫。"诸葛面带微笑，热切地看着亚历克斯的眼睛。

"有时我甚至不明白执行到底是什么意思。"亚历克斯的脸上带着一丝紧张的笑容。

"你想说什么？"诸葛直截了当地问。

"我想说，我知道执行是什么意思，但不知道该如何提高自己的执行能力。"诸葛直截了当的问题鼓励了亚历克斯。

"我的意思是，"亚历克斯继续，"执行是否意味着工作更努力？还是说工作时要更动脑子？或者应该团队合作？制订项目计划？执行具体来说到底是什么？我是工程师，工程师总希望把什么都搞得清楚明白。不然这对我来说就像是一个管理术语，我自己都解释不清楚！"

"就是你刚提到的一切的综合。"斯蒂夫说。"这就是执行。执行就是做，就是实施。"

"嗯，不过这对我还是没多大帮助。"亚历克斯大笑。

接着他们注意到诸葛打算讲话，于是便都看向他。

诸葛深吸了一口气，微笑，然后说："这个问题问得非常好。"他看着亚历克斯说："我想我很清楚你到底想问什么。"

诸葛站起来，走到白板边。

"我想给大家具体讲讲我对执行的理解。"他说，"也许这样能帮助大家理解？"

"当然，快给我们讲讲！"看到诸葛挽起袖子准备借助白板来回答自己的问题，亚历克斯的兴趣立刻被提了起来。

诸葛在白板上画了这样一幅图。

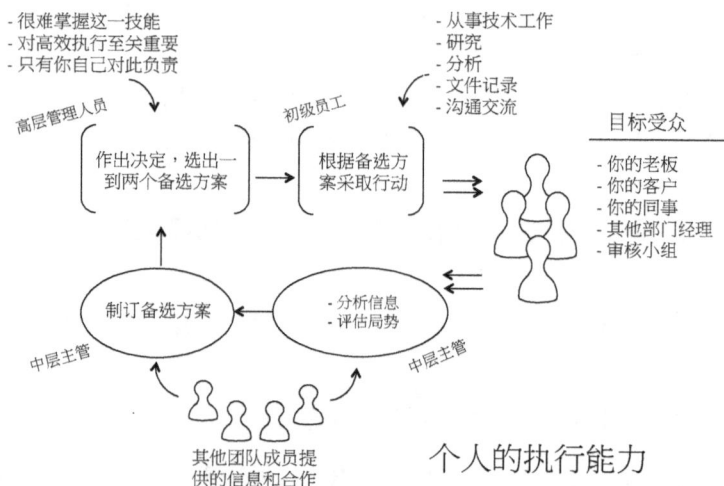

- 很难掌握这一技能
- 对高效执行至关重要
- 只有你自己对此负责

- 从事技术工作
- 研究
- 分析
- 文件记录
- 沟通交流

高层管理人员

作出决定，选出一到两个备选方案

初级员工

根据备选方案采取行动

目标受众

- 你的老板
- 你的客户
- 你的同事
- 其他部门经理
- 审核小组

制订备选方案

- 分析信息
- 评估局势

中层主管

中层主管

其他团队成员提供的信息和合作

个人的执行能力

"这幅图大致上意思很清楚，不过我还是想说几句。"诸葛说道。

"我们从最基本开始。首先，我经常会想到的一点是，执行其实就是某一个体所具备的一种资质。它不是抽象的管理术语，也不是什么效率概念，更不是泛泛而论的一群人的某一特性。事实上，要正确理解执行，就是将其视作某一个体所具备的某种具体技能。就像编程是一种技能一样，执行也是一种技能。如果有心，你也可以对之进行量化。"

执行其实就是某一个体所具备的一种资质。它不是抽象的管理术语，更不是泛泛而论的一群人的某一特性。执行就是某一个体所具备的某种具体技能，就像编程是一种技能一样。

矛盾重重

"那么，该如何对其进行量化或者跟踪呢？"梅问道。

"要了解如何量化执行能力，我是这么想的。首先，你来上班的时候首先会注意到什么？我这么来回答吧。你来上班时首先注意到的就是你已经处于某种环境中了。"诸葛开始解释自己刚刚在白板上画的图，"看看这幅图右边这部分，这意味着你身边总有一群人需要你与之互动。"

"这些人可能是你的老板，可能是你的客户，也可能是其他部门的经理等等。"亚历克斯大声念出白板上写的字："目标受众。"

"没错。"诸葛继续，"正如我在这幅图中示意，执行意味着做好四点。这四点你做得越好，任何事情你执行起来就越发游刃有余。让我们以你们的客户枫叶公司为例。"

"艾莫瑞是枫叶公司的供应商，对吧？"诸葛继续，"所以，作为枫叶公司的供应商，艾莫瑞公司的某位员工，让我们叫他乔吧，乔负责不断听取枫叶公司的意见，对这些意见进行分析，对形势进行评估。可能做这件事的不止一个人，而是一个小组，但是这个小组的每个人都必须具有这一技能。假设你听了枫叶公司的意见，也明白他们要求新集成电路必须具备某一组功能。那么，小组成员就应该相互合作，就枫叶公司的要求制订几个备选方案。"

"倾听客户要求的是销售部、现场应用工程部和市场营销部人员。"亚历克斯说，"这些人可以相互讨论，然后制订出几个备选方案，对吗？"

"对。我们需要把工程部牵扯进来。我还想重申一次：这些都要从个人层面上开始，然后几个这样的个人根据自己的执行能力采取行动，聚集到一起制订备选方案。"诸葛回答说。

"明白了。"亚历克斯说道。

"然后是执行的关键组成部分。"诸葛继续，"这就是决策。也就是说，讨论完毕，现在必须选出一两个备选方案，准备采取行动了。"

房间里每个人都专注地看着白板上的图。有些人回忆起以前参加过的会议，在那些会议上，大家对不同的备选方案进行了大量讨论，但最后却没有做出任何决定。

"个人应该有能力并且愿意做出决策。"诸葛说，"是否应为此决策负责另当别论，但是执行能力要求你必须要做出决策。"

"然后是第四点，也是执行能力的最后一个组成部分，就是根据决定采取具体行动。一般来说，这一步不是太难，因为决定已经做了，现在就是做该做的工作的问题，就是花时间去做的问题。"说到这里，诸葛停了下来。

————

"想象一下，如果公司里每个人都能将这种能力发挥到极致。"白板上的内容让亚历克斯精神振奋，"事情进展就会加快，不是吗？"

"说得太对了！"诸葛笑起来，"不过可别被糊弄了。很多人没有能力做出决定。很多时候就是卡在决策阶段，一切都停滞不前。但给人的感觉是我们在不断前进，因为做了这么多的分析，设计了种种备选方案。就算跳过决策阶段也让人感觉好像是做了很多工作。显然，这只一种错觉。"

"我不明白为什么会这样。"朱迪好像自言自语一般说，"为什么做决定就这么难？"

"嗯，这是因为决策这一环节风险最大。"诸葛回答说，"图中下面这两个圆圈所显示的'分析'和'制订备选方案'，风险并不太大。这时候基本上就是给出一些建设性的意见，为讨论提供一些关键信息。而第四步，'采取行动'风险也不算大，因为负责行动的人员可以说是老板布置下来的任务。但是如果出了差错，高管层问的第一个问题是什么？'谁做的决定？'对不对？"

"对艾莫瑞这样的中美跨国企业来说，在执行这个问题上，还有另一个非常重要的困难需要面对。"诸葛走到白板前，对示意图做了几笔简单的改动，现在这幅图变成了这样：

矛盾重重

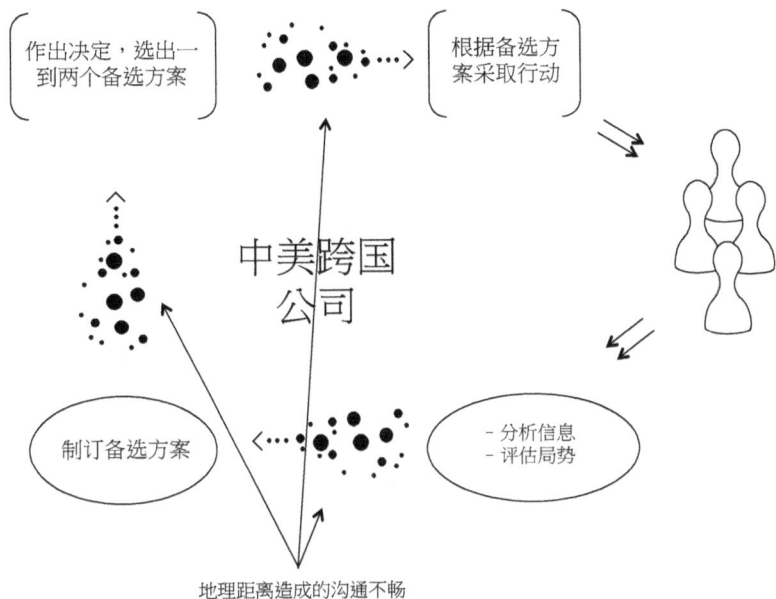

作出决定，选出一到两个备选方案

根据备选方案采取行动

中美跨国公司

制订备选方案

- 分析信息
- 评估局势

地理距离造成的沟通不畅

　　"在中美跨国公司里，这四个阶段往往分布在不同的地点，这意味着复杂性增加。怎么会增加呢？这是因为卓越执行力的关键在于各个阶段之间的沟通交流。连接各个阶段的这些箭头符号貌似无足轻重，但实际上却是执行能力的关键部分。"诸葛继续，"在中美跨国公司，地理和文化差异，时差日夜颠倒，这些都会给各个阶段之间的沟通交流带来更多不和谐的杂音。如果所有这四个阶段都在同一个地方完成，比如说在一栋大楼里由同一组人完成，就不会有什么杂音出现，各个阶段之间的沟通交流有可能达到完美状态。但在中美跨国公司里可不是这样。"诸葛说。

　　"有意思。听起来就像古典的通信接收机模型一样。"斯蒂夫认真地看着白板说，"如果我们这么打比方的话，除掉各阶段之间沟通交流中的杂音便成了主要问题，而非次要问题。"

　　"完全正确，斯蒂夫。"诸葛的声音忽然振奋起来，"关键就在这里。不幸的是，很多人没有意识到沟通有这么重要。好，现在我们知道这个秘密了。"他笑得合不拢嘴。

　　"沟通能力是执行能力的重要组成部分，提高了沟通能力，就等于仗打赢了一半。"诸葛继续解释，"不过请注意，任何两个阶段之间的沟通交流都不同于另外两个阶段之间的沟通交流。"

"您这是什么意思？"发问的是梅，她一直兴致勃勃地听着诸葛的高论。

"嗯，看到从'分析信息'指向'制订备选方案'的箭头了吗？"诸葛说，"在这两个阶段之间进行沟通交流的人，一开始就需要提供一份相关分析报告，分析报告还要写得有助于制订备选方案。也许需要一条条地把要点列出来。这个阶段的沟通交流会和，比如说，从'作出决定'到'采取行动'之间的沟通交流不同。后者之间的沟通交流不需要解释决定是怎么作出的，也不必为决定辩护，只需要列出要采取的行动就行了，比如给出任务列表。"

"还有，现在越来越有意思了。"诸葛说，"这幅图还不完整。为什么？因为这幅执行能力图是在假设决定都是凭空蹦出来的。而事实上，真正的情况应该是这样。"

诸葛又花了几分钟画了这幅图：

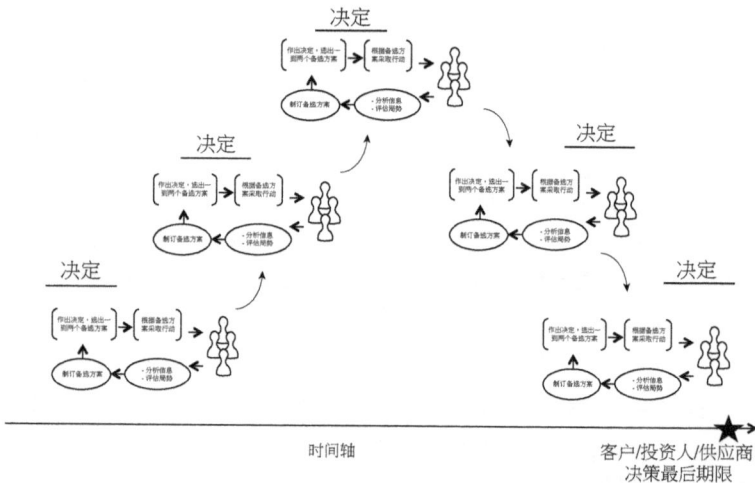

"真正的决策不是漫无边际的，而总是局限在目标受众的时间期限范围内，不管我们喜不喜欢都是如此。"诸葛说，"这就意味着，每天公司里都要有一些人员来作出过渡性决定，可以是一个人独立做决定，也可以是作为小组共同来做决定，这样才能在目标受众所要求

矛盾重重

的最后期限前，完成对客户造成直接影响的最终决定。"

"也就是说，我们的执行力在某个方面出现了严重问题，最后导致我们丢掉了枫叶公司的设计项目。"亚历克斯看着白板上的示意图说。

"你说中了，亚历克斯。"诸葛说，"公正点说，你们艾莫瑞的员工都不容易，特别是艾莫瑞有中美两个办事处。你们知道这意味着什么，对吧？因为中美之间的文化差异、能力差异、时间差异、语言差异、地理距离等，所有这些执行能力、决定、及时就决定进行沟通交流等，全被扔到一个大洗衣机里搅和在一起。"

"话虽如此，我的看法是加强沟通交流、完善管理、统一思想和认识，有助于消除上面提到的种种差异。"诸葛继续侃侃而谈，"但我也知道说来容易做来难。"

"事实上，我也觉得有时我们美国这边的人员对中国部门的印象是觉得他们总是卡在决策阶段。"朱迪说。

"真的吗？是怎么回事？"诸葛问。

"嗯，很抱歉打断一下，我能插句话吗？"斯蒂夫急匆匆地问。朱迪连忙说："可以，可以。"于是斯蒂夫接着说："首先，我觉得不管什么时候和中国团队开电话会议，他们都不怎么发言。他们不太愿意表达自己的观点。所以我们美国部门这边常常觉得分析和方案制订阶段其实都做得不到位。"

"我觉得分析还行。我们中美会议往往是卡在制订备选方案和决策阶段。"亚历克斯说。

"和我刚说的差不多。"朱迪说，"我们很难理解，为什么只有我们美国这边的人说个不停，而中国那边的人就只是盯着自己的电脑或手机，脑袋都固定在屏幕上了。就是不说话。真让人郁闷！从来没见过他们做过什么决定。如果我们做决定，他们也不反对。"

"这和中国的文化有关吗？"斯蒂夫问。

"我不知道。"诸葛笑起来，然后用严肃的口吻说："各位，我是这么想的。这不完全和文化有关，当然，有文化的因素在里面。如果完全是中国文化的问题，我就根本不打算去改变，你怎么能指望改变数千年的文化呢？想都不要想。我认为这可能仅仅是能力的问题。

我们得想办法让团队合作顺畅起来。目前看来，你们团队合作似乎还不行。"

"你是说我们无药可救了吗？我们这样失败的案例，您以前肯定见过很多吧？"朱迪微笑着问诸葛，笑容中满是紧张。

"不不，不是这样。不单单是你们有这样的问题。你们应该看看我公司刚成立的那几年，有几次我差点就放弃努力了。"诸葛微笑。

"关于你们中国团队成员在开会时将头埋在笔记本电脑上的问题，我认为只是会议纪律的问题，和中国文化无关，但肯定和艾莫瑞的公司文化有关。"诸葛继续，"可以这么解决这个问题。召开会议时，在会议日程上列出希望所有人遵守的会议规定。其中两项应该是：一，会议期间请合上笔记本电脑。二，准时开会散会。这样这个问题一般都能得到解决，但前提是美国这边也遵守同样的规定。"

"我们的中国团队在会上不怎么发言，就只是盯着自己的电脑和手机看。"

诸葛接着说："公司里这样的讨论非常必要，但是迟早讨论都得落到实处。因为时间有限，我们不能只是空谈而不采取行动。"

又讨论了几分钟后，诸葛合上自己的笔记本，说此次会议让他收获了很多有用信息。

在诸葛心里，他觉得自己在这次简短的会议中，已经得到了他对艾莫瑞进行初步评估所希望得到的所有信息。他不指望在这次会上对艾莫瑞文化进行详细分析，只是想了解一下艾莫瑞美国团队的观点和态度。

几分钟后，会议结束。

两天后，诸葛飞往北京，与艾莫瑞中国团队召开了类似的会议。按照事前的约定，美国办事处的市场营销经理戴维陪同诸葛来到旧金山机场。在路上的两个小时里，诸葛了解到了戴维对艾莫瑞现状的看法。

矛盾重重

第二部分：
发现矛盾

第 5 章 ｜ 中国北京

在飞往北京的航班上，诸葛从包里掏出笔记本，一边回忆与艾莫瑞美国团队的会谈，一边思考。

在第一次与艾莫瑞美国工程团队召开的会议上，诸葛便对问题可能出在哪里有了充分的认识。不过，他也知道，对艾莫瑞整个公司的性质他还没有一个很好的全盘了解。不过现在已经开始有一些眉目了。

诸葛暂时把这些念头抛开，开始在笔记本上奋笔疾书。

尽管诸葛曾担任过半导体公司的高管，而且非常成功，但他从来不相信有什么肯定让公司成功的灵丹妙药。他知道公司要成功，需要某种心态与观念，某种特别的心态与观念。

但同时他也清楚，每家公司都必须找到自己通往成功的独特道路。即便是那些具备这种特别的心态与观念的公司，他们之所以能取得成功，原因也各不相同，很难找到适合所有公司的万能模式。

也就是说，每家成功公司的成功都独一无二，所以每家成功公司都与众不同。

> **诸葛明白，至少有一项特质是他肯定能用来评估艾莫瑞半导体公司的。那就是公司员工的决策能力。**

另一方面，诸葛根据自己的经验，也知道要辨认出一家走向失败的公司，相对而言要简单直接得多。多数走向失败的公司都有几大共性。

失败的公司大都类似，而成功的公司则各有各的成功之道。

想到这句话，诸葛微微笑了。"托尔斯泰看到这个可笑不起来。"他自言自语道。

诸葛明白，至少有一项特质是他肯定能用来评估艾莫瑞半导体公

矛盾重重

司的。那就是公司员工的决策能力。

诸葛知道公司日复一日的成功归根到底取决于公司所有员工每天所做的基本决定。他们如何做出这些决定将决定艾莫瑞公司的执行力。这点，他曾和艾莫瑞美国团队探讨过。

"要想知道艾莫瑞是否值得投资，首先得找出艾莫瑞是否具有这样的决策能力，这是唯一的办法。"诸葛想。

也就是说，艾莫瑞的高管团队、中层领导、工程管理团队、面向客户的支持人员、销售人员、市场营销人员，所有这些人是否展示出了良好的决策能力？

艾莫瑞是否像一条在风中随意飘荡的船只，任凭各执一端的员工个人意见将其吹向何方？

这是诸葛中国之行将要重点解答的关键问题。现在，他还没有答案，得等到完成评估后才知道答案是什么。

———

在北京办事处的第一天，最初的介绍寒暄过后，便是与高层管理人员交谈。

包括与艾莫瑞中国总负责人，即艾莫瑞中国区总经理一起共进午餐。吃完午餐回到公司，诸葛在走道上便被人拦住，把他介绍给了中国区销售经理露西。

当天晚上，销售副总杰夫邀请诸葛共进晚餐。其间杰夫提到了露西，并告诉诸葛说露西便是负责枫叶公司设计案的客户经理。

"你能看出来，她显然不太高兴。"杰夫说。

第二天，诸葛很放松地在办事处走来走去，迫切希望认识艾莫瑞中国办事处的员工。他很快就熟悉了办事处的各个角落，知道了经理办公室、员工小隔间、工程试验室的位置，还掌握了办事处员工的总体活动状态。

诸葛在艾莫瑞中国大厦十五层大办公室的员工小隔间周围转来转去时，惊讶地发现了一个现象：几乎所有艾莫瑞中国员工都很年轻。

诸葛还注意到，艾莫瑞中国办事处的女性员工比例高于美国办事处。他默默记了一下，打算回头再研究一下这个问题。

那天晚上返回酒店客房后，诸葛决定要求和艾莫瑞中国办事处的每个小组进行单独讨论。这种形式和他与美国团队的小组讨论差不多。

此外，他还觉得最好不要在办事处大楼里进行讨论，而是到公司外面去，找个饭店或者咖啡馆可能更好一些。这样他才能更好地表达自己的观点，更好地展示自己帮助艾莫瑞公司的诚意。讨论也能更自由开放。

——

第二天，诸葛计划的会谈拉开帷幕。

首先是和艾莫瑞中国负责支持的工程小组进行了会谈。

正如诸葛所料，和其他类似的集成电路公司一样，艾莫瑞中国的支持工程小组也分为两个部分：应用工程部和现场应用工程部。

应用工程部负责利用艾莫瑞的芯片开发客户应用系统。一般来说，他们不参与日常客户支持问题，而是集中精力进行软硬件及整套系统的开发。然后客户就能够以这些系统为基础，开发自己的专用系统。

现场应用工程部则纯粹是一个客户支持小组，负责处理日常的技术支持电话，前往世界各地拜访客户，和客户的研发工程师紧密合作以帮助解决与艾莫瑞集成电路相关的问题。

诸葛从自己过去的经验中知道，艾莫瑞这样的半导体集成电路公司的客户，其购买决定主要分为两大阶段。

第一阶段，客户一般会重点关注技术适合性评估。这个阶段的关键评判标准就是相对于竞争对手的类似产品而言，公司产品是否便于使用，性能如何，还有什么其他优点。在这一阶段，项目的推动者是客户的产品开发工程师，即，客户方技术人员。

第二阶段的重点是业务适合性评估。在这个阶段，客户的市场营销人员、采购人员、业务管理人员将成为关键人物，将由他们来确定价格，并作出业务决策。

不用说，第一阶段客户技术人员得出的评估结果会严重影响第二阶段市场营销、采购和业务管理人员的决定。

换言之，艾莫瑞集成电路首先要得到客户技术人员的认可，只有在这之后，客户的业务管理人员才会真正有兴趣和艾莫瑞的销售经理进行业务讨论。

这就是为什么诸葛希望先和艾莫瑞的前线支持人员讨论，因为他们和客户联系更为紧密。诸葛觉得，要真正直接了解客户对艾莫瑞公司及其集成电路的看法，这是最好的途径。

第 6 章 ｜ 应用工程部中的重重矛盾

会议第一天，诸葛在酒店吃了中式早餐包子和茶叶蛋后，一大早就来到离酒店两个街区的艾莫瑞大楼，走进自己的办公室。

他决定，在会议上不直接向中方员工提出此次枫叶公司设计案失利的事情，而是从高处着手。

诸葛决定在每次会议前，都提出一个标准问题作为开场白。首先，他会明确地向与会人员提出这个问题，然后就让他们自由发挥，讨论到哪里算哪里。

诸葛提出的问题是：

问：在艾莫瑞公司，你们能够做好自己的工作吗？

诸葛第一次会议对象是应用工程小组。该小组有三名成员。会议九点半开始，地点是在艾莫瑞大楼地下室的咖啡馆。

应用工程小组组长是一名高个子的年轻男子，大家一坐下，他便迫不及待地发言。

"我英文名字叫 Walter（沃特尔），"小程微笑着说，"大家可以叫我 Walt（沃特）。"

诸葛也冲这位清秀阳光的年轻人一笑。诸葛和沃特相互问候完毕后，其他组员也轮流向诸葛介绍了自己。

首先发言的是坐在沃特对面一位个子高大的年轻人，脸上带着明亮的笑容。"您好！我叫大伟，是应用工程部的高级工程师。很高兴认识您！"大伟的声音洪亮浑厚，对着诸葛一脸阳光地微笑。

诸葛也报之以朗朗笑声，觉得自己的情绪也被大伟身上那种天然的乐观力量调动了起来。

接下来作自我介绍的是工程师小姚。从小姚的外表，诸葛就觉得他是个安静的人。从头一天和其他员工聊天中，诸葛还了解到艾莫瑞中国的员工对小姚的评价很高。

"看起来人很稳重，也很能干。"诸葛边和小姚打招呼边想。

然后诸葛以标准问题为开场白，开始了本次讨论。

小姚眼睛一直盯着桌子角，听得非常认真。诸葛结束发言后，小姚沉默了几分钟，似乎在整理思绪，同时也在考虑该用什么样的英语来表达自己的看法。

听了诸葛的问题后，沃特也沉默了一两分钟，然后忽然微笑起来："好，咱们开始吧！"

沃特的表情清楚表明他对回答这个问题非常有兴趣。诸葛甚至感觉（虽然他也不敢确定）沃特有点迫不及待，好像早就在等着说出自己的看法了。

看到沃特很认真地对待这个问题，诸葛觉得自己也热情高涨起来。

"我们决策人员太多了。"沃特开始发表看法，"我们的主要问题是没有努力工作的动力。"

"中方团队面对的另一个重要问题，就是文件记录的问题，这是个大问题。美方工程师从来都不愿意及时把新集成电路的有用信息提供给我们。"

沃特的直接让诸葛精神一振。沃特边说，诸葛边在笔记本上记录。

"我们从来没有获得过任何奖励或奖金。"沃特说，"我们总是在重复劳动。工作缺乏挑战，没有意思。"

"我们中国应用工程团队在最近一个项目上干得非常辛苦。我手下的工程师不分日夜地干活。但公司没人知道这些，没人认可我们的工作。"沃特的脸因为失望而变红了。

"我觉得最大的问题就是艾莫瑞缺乏奖惩制度。"大伟补充道。诸葛转过头去，两眼直视着大伟。

"请详细谈谈。"诸葛鼓励说，希望从大伟那里得到更具体的详细信息。

"以我自己为例吧。一年半前，在一次集成电路测试中，我们24小时连轴转了整整一个月。我们三个人每天三班倒，8小时一轮班。结果，测试完后，在会上美方管理人员说：'中国应用工程团队调试没做好。'就完了！没人说点别的什么。我非常愤怒！"因为沮丧，大伟的语气中带有一丝冷漠。

———

"中方团队面对的另一个重要问题，"沃特又打开了话匣子，"就是文件记录的问题，这是个大问题。美方工程师从来都不愿意及时把新集成电路的有用信息提供给我们。总是拖到很晚，太晚。"

"只要有人从美国办事处离开，我们就再也找不到相关文件。"沃特继续说。

诸葛惊讶地抬起眉头："啊？你说只要有人离开，你们就找不到相关文件，这是什么意思？"

"很多国际客户的生产伙伴都在中国。"沃特继续说，"这就意味着，客户方的营销决定、产品决定、甚至销售决定都是在中国做的。但艾莫瑞管理层却不重视中国团队。"

沃特解释说，很明显艾莫瑞现有的文件资料都保存在工程师的笔记本电脑里，所以当有工程师从公司离职时，所有相关文件也就丢失了。

"沃特是说艾莫瑞没有统一的设有安全保护和访问跟踪的公司文件管理系统吗？"诸葛感到很疑惑。

"代码呢？"他问沃特，掩饰不住对可能得到的答案的担心。

沃特微笑着耸了耸肩："我们尽量将我们自己的代码保存在服务器里，但这只是我们自己的管理措施。"

然后沃特微微提高了声音说："我们必须遵守一定的流程。我们根本没有任何流程！"显然他很沮丧。

几分钟后，诸葛要求加点咖啡。沃特按了桌子上电子呼叫器的"点单"按钮。

"还有很重要的一点。我觉得艾莫瑞管理层根本不重视中国团队。下面我会解释。"沃特继续说，"很多国际客户的生产伙伴都在中国。这就意味着，客户方的营销决定、产品决定、甚至销售决定都是在中国做的。但艾莫瑞美国方面却从不听取我们中国团队的反馈意见！这是第一点。"

> **"现在他们[美国方面]根本不听，因为他们不相信我们。"**

"第二点，中国团队只能做中层的硬件工作，系统构架方面的工作还不行，这是事实。"沃特继续，"但是我们有动力，愿意尝试这类工作。我们想学新东西，我们希望能以此为豪。即使设计工作很复杂，我们中国团队也没问题。所以请相信我们，我们能做好。"

"我知道美国工程管理团队对知识产权问题非常敏感。他们不想把核心集成电路的开发任务交给我们，但首先他们应该信任我们。"沃特说，表情明显很沮丧，因为这些话他本来不想说。

然后沃特忽然转换了话题："如果我们中国分部的领导更强势一些，帮助会很大。"

"为什么这么说？"诸葛诚恳地问。

"如果我们中国分部的领导很强势，我们在和美国办事处就客户问题和市场问题进行沟通时，美国办事处就会听取我们的意见。现在他们根本不听，因为他们不相信我们。"沃特回答说。

诸葛的脸色有些发白，心想："真没想到能听到这些话。"诸葛脸色变白是因为沃特的坦诚和直白触动了他。同时，在自己内心深处，诸葛还为艾莫瑞美国管理层感到一丝羞愧。

"还有，"沃特继续，"如果美国办事处有任何变动，比如有人辞职，就会给中国分部的员工带来巨大影响。"

"怎么会这样？"诸葛问。

"我们中国办事处的人认为，如果美国办事处那边有什么变动，中国办事处这边接着就会有同样的变动。美国那边有人被裁员，中国这边所有人就会神经紧张。"沃特回答说。

诸葛心里似乎有根弦立刻松懈下来，似乎刚意识到沃特描述的这种感觉其实就是人之常情。

诸葛也认识到沃特的话里蕴含着非常重要的信息。

"任何组织从本质上来说就是人与人之间的各种关系，这点我们不能忘记。"诸葛在心里对自己说。

诸葛很高兴，觉得自己决定到中国来听听中方员工的意见非常正确。他不知道艾莫瑞美国办事处是否知道沃特刚才说的这些顾虑。

沃特继续。

"在中国，对高科技行业的工程从业人员来说，只有两条职业道路。一是继续做工程方面的工作，二是进入管理层。但艾莫瑞中国似乎没有给工程师提供任何成为管理者的机会。"

"艾莫瑞应该在公司引入职称-薪水制度。艾莫瑞管理层应该用升职来加强员工信心。销售人员可以根据销售额来排名，而我们中国的工程部却没有相应制度。我不知道怎样才能进入管理层，所以在这里我看不到自己的未来。

"要不给我一个大项目，要不让我担任管理职务。一年前我就提过这个要求，但得到的回答是，'你经验不够'。在美国那边，升职与否由技术部经理决定。而在艾莫瑞中国这边，升职问题控制在人力资源部手中。这样不行！人力资源部懂什么技术工作？"

"这就是为什么我们缺乏热情。"沃特似乎在总结发言，说完这句后便停了下来，微微一笑。

诸葛喝了一口水，身子往后一靠，把笔放到一边。他很感谢沃特和他的应用工程团队能直言相告。

他们又就各种话题讨论了几分钟，很积极地交换意见，以缓解刚才的谈话造成的紧张气氛。又点了几杯咖啡之后，诸葛请沃特继续刚才的发言。

"艾莫瑞公司应该投入更大的人力物力进行团队建设。"沃特边说边把身子往后靠，似乎不太愿意触及这个话题。

在艾莫瑞中国办事处，连团队建设这样基本的管理问题都做不到，沃特的沮丧之情溢于言表，诸葛一眼就看了出来。

"团队建设是好事，投入低，回报高。一起进行运动，打打篮球，一起吃个午饭或晚饭。这些我们都没有。不涨薪水、不升职、不给任何奖金，至少能搞搞团队建设，让员工高兴点吧！"沃特说。

"在我们中国部门这边，我们没有重视文件记录问题和沟通交流问题。我们干了活，却缺乏交流，这是我们的问题。"

"最后，"沃特继续，"我觉得艾莫瑞美国团队做事很仔细，但在我们中国部门这边，我们没有重视文件记录问题和沟通交流问题。我们干了活，却缺乏交流，这是我们的问题。"

然后沃特合上了自己的笔记本。诸葛很清楚沃特累了，该说的都说得差不多了。

———

"有件事我得告诉您，我们艾莫瑞有个很奇怪的问题。"大伟笑着说。

诸葛不太明白大伟想通过笑声表达什么。在诸葛的眼里，大伟有些喜欢嘲讽。

诸葛的好奇心给勾了起来。

"没人决定问题该具体由谁负责。我花大量时间开会，结果却是浪费了大量时间。他们最后只是总结说'工程部负责测试'。"大伟说。

"我们中国这边需要一位独立的产品经理，负责发现问题，安排由谁来具体负责问题。我们现场应用工程部、应用工程部和工程部之间常常争吵不已。没有结果，没有解决方案。"大伟继续。

然后是小姚发言，下面是他的主要观点，他的原话是：

"很多时候我们向美国那边报告问题，却得不到良好响应。这不利于客户关系。

"即便没有解决方案，有时这也没什么问题。但必须正面给客户答复。我们可以说：'下一个样品我们可以免费'，但我们没这么说。客户对艾莫瑞的芯片还是认可的，就是对我们的技术支持不满意。"

"我觉得艾莫瑞公司职责分工不明。现场应用工程部的工程师前往客户处解决问题时，很多时候他们只是发封邮件简单说一下，没有任何解释，对为什么会出现问题也只字不提。"小姚声音很低，英语也不流畅。

"他们把这些小问题和邮件发给每个人！把问题推给别人，而不是想办法解决。"

诸葛理解小姚。小姚是应用工程师，对现场应用工程部的做法感到沮丧不满。中国支持工程团队中直接面向客户的是现场应用工程部的工程师们。

> **"他们把这些小问题和邮件发给每个人！把问题推给别人，而不是想办法解决。"**

"应该有人指出具体责任所在，必须采取什么行动。"小姚继续针对现场应用工程部，"现场应用工程部有这个能力，但他们的态度成问题。"

"当然，他们也有自己的优先事项，但他们不应该只知道把问题丢给应用工程部。"小姚说到这里停了下来。

诸葛微微笑了。小姚和其他人给他的反馈都有助于他实现自己评估和帮助艾莫瑞的目标。

"客户必须知道艾莫瑞到底有没有解决方案。我们不能马上给出解决方案也没关系。"大伟补充说，"但我们不能说'等几天'。我们可能不能及时解决问题，但必须让客户知道他们的问题什么时候能解决。"

　　　　　　　矛盾重重

"没错，这才是应对客户问题的正确方式。"诸葛表示赞同。

"现在我想就市场营销说几句。我们目前算得上行业翘楚，但营销技巧还不够。"大伟说，"刚开始的时候技巧是够的，但现在需要更好的市场营销。"

"首先需要知道客户需求所在，"大伟继续，"我们不能先生产产品，再进行市场营销。艾莫瑞产品线太过单一，我们只生产一种产品。"

"中国的客户更倾向于能提供多种产品的供应商，这样才能满足他们的多种需求。"沃特补充说。

"这也应该是市场营销部的工作。"诸葛一边想一边在本子上又记了几笔。

"还有件事。"大伟说，"在艾莫瑞，美国团队负责集成电路，测试和主板开发都是我们中国团队在负责。但美国团队把项目时间都占了，我们的时间压缩得太厉害，没多少时间做测试。"

> **"美国团队把项目时间都占了，我们的时间压缩得太厉害，没多少时间做测试。"**

大伟明确指出的是直接影响自己小组表现的问题。

"每次美国那边给我们建议要我们更改软件的这个那个功能，我们都不知道为什么要这么做。所以只好把一切都推翻来过，这样效率太低。"大伟笑着说。

"这可以算是美国方面不共享信息的另一个例子。"诸葛心想。

"对内，我们必须了解到产品的真实情况。"大伟说，"对外，我们的宣传可能会有所差别，但是我们内部人员必须了解真相！"

诸葛叹了口气，往后靠了靠。在那一刻，有几个想法同时涌上他的心头。

"我们有责任让公司的高层人员知道产品的不足之处在哪里。"大伟继续说。

"完全应该这样。" 诸葛回答。

"对艾莫瑞公司来说，市场营销非常重要，测试也非常重要。我恐怕得说，美国办事处那边并不了解中国，这种现象已经有一段时间了。" 大伟看着诸葛的眼睛说。

"我们公司对竞争对手了解不够。" 小姚补充说，"也许他们对我们的了解比我们对他们的要多。"

"这个问题很严重。" 诸葛微笑着说，再次想到这个问题："中国的市场营销团队都在做些什么？"

"我们应该对他们的市场战略和技术战略进行更深入的研究。" 小姚指的是竞争对手，"还有，我觉得我们有权知道艾莫瑞的计划是什么。"

"也许与员工分享这类战略计划可能涉及保密性问题，但是如果目标明确，我们会更有信心。" 小姚说。

"让员工了解公司的愿景和计划与保密没有任何关系。" 诸葛很肯定地说，"我完全赞同你的看法，每个人都应该知道公司的前进方向，这点很重要。"

然后诸葛直接问小姚："你觉得中国市场营销团队怎么样？"

小姚微笑着回答："我不了解中国营销团队的情况，不能擅作评论。"

刚开始诸葛很想再向姚重复一遍这个问题，迫使他回答，但是出于某种直觉，他停住了。诸葛已经开始直觉地了解到什么时候该给艾莫瑞的中国员工一些压力，什么时候不该这么做。

大家又讨论了一会儿，然后转换话题，谈了些与工作无关的东西，比如中国境内不同地区不同的饮食等。大家就这么闲聊了几分钟。

"我恐怕得说，美国办事处那边并不了解中国，这种现象已经有一段时间了。"

然后诸葛说："今天各位给我提供了非常宝贵的信息和反馈意

见。我肯定能让这些信息和意见发挥正面作用，为艾莫瑞提供帮助。"

小姚看了看表，大家都意识到快到中午了，于是很快结束了会议，一起去吃午饭。

第 7 章 | 现场应用工程部中的重重矛盾

那天下午，诸葛先查了查邮件，又做了点笔记，在三点的时候，召开了第二次会议。这次会议对象是艾莫瑞现场应用工程团队。

与会的现场应用工程师有两名，一位是高级工程师安迪，另一位是战略客户支持工程师余国兴。他的英文名字是亨利。

他们几个一起走出办事处时，诸葛注意到办公室里其他人已经开始习惯看到他与他们的这几个或那几个同事一起在办事处进进出出。诸葛也注意到他们脸上洋溢着热情与期待，似乎在等着轮到他们和诸葛交谈，但同时也还有一丝紧张。

在大楼三楼的露天院子里，撑着阳伞，放着椅子，安迪和亨利都看中了这个地方。

他们坐下来，拿起茶水单研究了几秒钟。"我来给大家点吧。"亨利边说边叫侍应生，"服务员！"

大家在椅子上坐好后，诸葛注意到安迪的衬衣口袋里有一盒烟，但在讨论中，安迪从来没有吸过烟。

咖啡和零食点好后，诸葛、安迪和亨利互相寒暄了几句，便开始进入正题。

"现场应用工程部缺乏良好的组织。"安迪先发言，语速有些慢。

诸葛注意到安迪比较在意自己的英语口语能力。"其实安迪不必这样。"诸葛想。艾莫瑞中国办事处员工的英语能力已经给诸葛留下了深刻印象。不管说得是否流利，至少他们都能用英语交流，另外，他们还都迫切希望能使用正确的英语来表达。

诸葛也觉得有些尴尬，他想："假如我会说中文就好了，哪怕就会一点点。"

"很多高层管理人员插手我们现场应用工程组的工作，但我们却没有足够的权力 (authority) 阻止这种情况。"安迪说。

"你能否解释一下？"诸葛问。

诸葛听到 "authority"（权力）这个词时，有一瞬间他有点怀疑安迪是否是那种对权力比较敏感的人，不过他立刻打消了这个念头，觉得可能就是安迪选词的问题。他可能真正想说的不是权力，也许只是安迪不理解 "authority" 在英文里是一个比较强烈的词语。

诸葛也在逐渐知道，对艾莫瑞中方员工所选用的英文单词，什么时候该敏感，什么时候不该敏感。

"解决问题涉及的人员太多，所以就变成了大问题。每个人只了解问题的一小部分，然后就把我们推给其他人，让别人来解决问题。"安迪继续道。

"很有意思。"诸葛说，"请继续，我希望了解更多详细情况。"

"客户遇到集成电路方面的难题，我们中国分部解决不了，因为我们没有关于芯片详细情况的充分信息。所以只好求助美国办事处。"安迪继续，"但是美国那边的回应总是很慢。给我们回复的方式也不对。太多的人卷入问题的解决过程中，中间通过的渠道太多。比如，客户报告了一个错误，我们给美国那边提供了文件，并对问题进行了描述，但得到的反馈却少得可怜。这不太好。"

"美国那边的回应总是很慢。"

"我想强调一下这点。美国的反应实在是太慢。"亨利插了进来，"我们的客户总是抱怨，为什么要这么长时间。"

亨利继续说："这个问题非常重要。艾莫瑞公司必须解决这个问题。我们不关心公司的组织结构，我们只关心如何从过去汲取经验教训，如何向我们的竞争对手学习。"

诸葛在这点上画了一个大圈。晚饭时和销售副总杰夫讨论时，诸葛知道艾莫瑞是被来自上海的竞争对手三国打击到了，尤其是在客户支持响应这个问题上。

在那次谈话中，诸葛再次和杰夫确认了客户选择三国的原因。枫叶公司确实说他们更换供应商的主要原因就是艾莫瑞的反应太慢了。

"要解决这个问题，我们必须保证美国团队在接收到问题后，要快速明确地给出解决方案。"亨利说。

"我还有一个例子。有个重要客户告诉我们说，希望我们在下一个集成电路产品中加入一项重要功能。我们把客户意见反馈给了美国办事处，但是新产品还是没有那项功能。"

"还有，我也不清楚应用工程部和工程部的职责所在。有问题又不知道找谁时，美国那边没有对我们开放的有效联络窗口可以帮助解决问题。响应很慢，实在是太慢。"安迪继续，"我觉得公司应该重视联络窗建设，以便接收客户问题，并将重点放在解决问题上。"

"我认为我们需要提高目前现场应用工程组的项目管理能力。还有，我觉得我们缺乏权利或者权力。现场应用工程部无权 (authority)。"安迪说。

"他又用了 'authority' 这个词"诸葛想，然后打断了安迪，"你用 authority 和 power 这两个词想表达什么意思？"

安迪犹豫了一下，然后开始解释。

"只有客户那里出现问题时，才会想到我们现场应用工程组。但如果客户那里没问题，一切就是一片沉寂。我们不知道客户那边进展如何。我们需要和客户进行业务互动的权力。中国客户的情况可能比别的客户更加复杂。我们必须随时和他们保持联系。

"公司真的应该听听客户对我们产品的意见，了解自己产品的不足之处。有时候美国工程团队会听一听，有时候根本就不听。

"客户没什么问题的时候，公司不让我们经常拜访客户。所以我们需要拜访客户时却很难如愿。"

"你认为管理层为什么这么做？"诸葛自己也觉得很疑惑，不过他猜可能是为了缩减成本。

"我觉得他们是想节省开支。"安迪回答。

———

"我们发现公司目前的集成电路产品有不少问题，但这些问题都是客户先发现的，而不是我们。不应该由客户把这些问题告诉我们，我们必须能自己发现问题！"亨利的语气非常坚定，脸上带着似有若无的笑容。

诸葛注意到亨利的笑容中带着一丝讥讽的味道。

"为什么我们不能抢在客户之前发现问题？"诸葛问。

"因为没有人给我们任何文件，让我们知道集成电路的工作原理！美国团队给我们提供的信息非常有限。"亨利的回答有些咄咄逼人，"我们对新功能一无所知，根本不知道这些功能该如何发挥作用，不知道程序员该如何使用这些功能。"

> **"美国团队给我们提供的信息非常有限。"**

"出现问题时，中国的支持工程师会和美国的工程师讨论吗？"诸葛问。

"不会。"亨利激动地摇了摇头，"现场应用工程部不能直接与美国的工程师联系，因为他们说核心集成电路研发人员不能把时间浪费在客户支持问题上。美国办事处指派了一名联系人，但是根本不够。"

"不能立刻得到解决方案也没关系，但是美国团队应该让我们知道，而不是保持沉默。"亨利说。

"我想听听你的建议。"诸葛说，"你觉得我们应该怎么解决这个问题？"

亨利的表情还是很严肃，然后忽然微笑起来，似乎这个问题让他觉得有点不舒服。

"我觉得我们应该指派两个人来负责联系，中方一个，美方一个，都是高层人员。"亨利回答说，"两人都应该直接向首席运营官或首席执行官报告工作。"

"为什么应该向首席运营官或首席执行官报告？"

"如果没有高层人员负责，不向高层人员汇报，那没谁会把这当回事。"亨利说。

诸葛又在本子上记了几笔。

"还有一点，"亨利还打算说点什么。诸葛看到亨利还没碰过自己点的食物，于是打断了他，让他先吃点再说。

"我们可以慢慢讨论，请先吃点东西。"诸葛说。

亨利微微一笑，开始吃东西。几分钟后，他们又开始讨论。

"我们应该从过去的失败教训中学习。评估板、软件驱动程序和固件都必须越来越好。"亨利说，"我们的竞争对手能为客户提供越来越多的帮助，他们做得比我们好。"

"我可以给您举个例。"亨利索性放下食物，喝了一口茶，然后侃侃而谈。

"我们的最新集成电路，代码非常大。有些大客户开始抱怨。可我对我们的软件了解很少，因为美国团队不让我去了解。为什么代码这么大？如果代码太大，客户就会觉得代码已经落伍了！而且代码过大的缺点就是速度非常慢。我不知道为什么我们美国的工程师会这样写代码。"

诸葛能感觉到，在讨论中亨利尽量想对美国研发团队表示一些尊重。

"不能怪他。"诸葛想，"质量不好必然会受到嘲笑，不管这种嘲笑是来自美方还是来自中方。"

"我们必须和集成电路合作伙伴公司保持紧密的联系。我们不需要太多的小合作伙伴，有一些就够了。真正重要的是两三个大的合作伙伴，因为他们占据了主要市场。"

"你说的这点很重要。不过制订合作伙伴战略应该是市场营销部的事。你们没有营销团队来做这个工作吗？"诸葛问。

"我们中国的营销团队非常弱，在美国我们营销做得很好，但在中国不行。"亨利回答道。

"我们应该成立一支特别团队，专门负责收集竞争对手的信息，并找到相关领域的优势。"亨利补充说。

诸葛开始觉得他对艾莫瑞中国员工的观点了解越多，越觉得自己只触及了表面。他怀疑自己是否应该去芜存菁，开始过滤掉一些观点。

矛盾重重

"不过不是现在，等到把一切情况都了解清楚后再说。"诸葛安静地对自己说，不敢肯定哪些意见反映了艾莫瑞中国真正的现实情况，哪些只是习惯性的抱怨。

又过了几分钟，快到六点时，他们结束了会议，返回办公室。那天是周五晚上，办公室里所有人都正准备离开。一天两个会议，每个时长都达三小时，诸葛真觉得筋疲力尽了，于是静静地在椅子上坐了几分钟。

第 8 章 | 并非所有的矛盾都相同

周六早上，诸葛睡了个懒觉，下午又去参观了颐和园。周日下午，诸葛掏出笔记本开始复习自己记录的笔记，他觉得必须要尽快对艾莫瑞公司的种种矛盾进行归纳整理了。

诸葛坐在酒店房间里沉思：上周与艾莫瑞中国支持团队一起召开的几次会议让他看到了各类矛盾中一些意想不到的东西。在北京召开这几次会议前，他以为艾莫瑞的执行力之所以出现问题，只是因为中美之间存在矛盾脱节问题，他的任务就是找出这些矛盾脱节之处。

但在和应用工程和现场应用工程团队的讨论中，他发现还有别的问题。

现在，他认识到，在艾莫瑞公司，不仅存在由于中美差异造成的矛盾脱节，还有并非直接由中美差异造成的种种矛盾脱节问题。

趁着周末休息了两天脑子还清楚，诸葛开始复习自己的笔记。现在，他必须找出这些意料之外的矛盾脱节问题。

中国市场营销团队的效率问题也被提出来几次。"这似乎是中国本土办事处自己的矛盾问题。"诸葛想，"可能和中美差异关系不大。如果艾莫瑞在中国找到一个良好的营销团队，也许这一矛盾现象就能得到改善。"

接着，诸葛又更深入地进行了一些思考。也许不仅仅是中国本土办事处才存在这样的矛盾问题。很可能经验丰富的中国营销团队和经验丰富的美国营销团队有着截然的不同，而这反过来会加剧中美差距。但是，话又说回来，中美两支营销团队丰富的经验没准可以帮助双方协调一致，共同沿着艾莫瑞公司的整体目标前进，从而更好地处理中美之间的差异问题。

接着就是应用工程团队提到的艾莫瑞中国分部缺乏奖惩制度的问题。这个问题似乎也是整个艾莫瑞公司共同面临的严重管理问题。为什么只有中国团队觉得不舒服，而美国团队却没有感觉？显然艾莫瑞人力资源部没有做好中美办事处之间的协调工作。

"从这个意义上来说，其实这还是中美之间的矛盾脱节问题，但造成这种矛盾的原因，是管理层没有看到中国办事处的需要，而不是中美两个办事处之间的差异。"诸葛想。

　　诸葛一边这么思考着，一边将艾莫瑞的矛盾问题分成了三大类。然后在笔记本上画了下面这幅图来代表这三大矛盾类型。

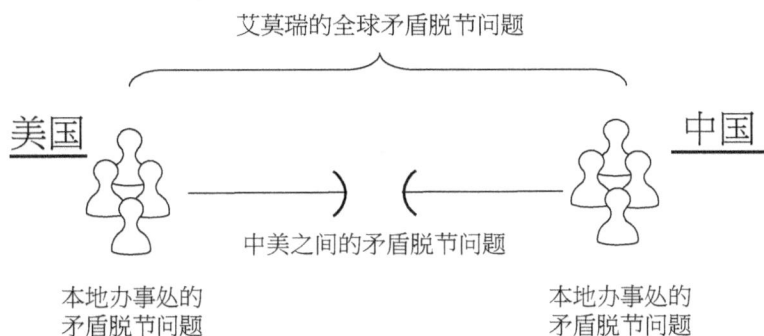

艾莫瑞的全球矛盾脱节问题

美国　　　　　　　　　　　　　　　　中国

中美之间的矛盾脱节问题

本地办事处的　　　　　　　　　　　本地办事处的
矛盾脱节问题　　　　　　　　　　　矛盾脱节问题

艾莫瑞的矛盾脱节问题

· 首先是中美之间的矛盾脱节问题。出现这些矛盾，主要是因为艾莫瑞中美办事处运营方面的差异。这类问题是诸葛一开始就打算搞清楚的。

· 接下来是本土办事处的矛盾脱节问题。诸葛逐渐发现，远程办事处往往看不到本土办事处的这些矛盾现象，但这些问题会带来同样致命的后果，给整个公司的运营带来干扰。中国营销团队的效率问题就是其中一个例子。这些矛盾最好先在本土办事处解决，否则很快就会转化成中美之间的矛盾脱节问题。

· 最后是全球矛盾脱节问题。这些问题主要归结于涉及艾莫瑞公司各地分部的管理问题，相对更容易发现。艾莫瑞员工不清楚公司未来的方向就是其中一个例子。奖惩政策各地不一也是此类矛盾之一。这些问题必须在全球范围内，从管理层面着手解决。

　　将各种矛盾脱节问题归纳为这几类后，诸葛又把自己的笔记复习了一遍。到目前为止，与诸葛碰过头的艾莫瑞中国员工都完成了自己的任务，诚恳地为诸葛提供了反馈意见。现在轮到诸葛自己找出办法，利用这些反馈来为艾莫瑞公司提供帮助。

怎么帮呢？

———

首先，他得先把自己的主观判断放到一边，至少暂时如此。在和艾莫瑞中国员工的交谈中，诸葛得到了不少一手资料。现在，他手边有这些员工提供给他的详尽反馈，包括他们的看法、观点、感受、印象，以及建议。

诸葛决定，至少在初期阶段，自己必须真正理解这些反馈，并以此为基础，而不是依靠自己的判断。在飞往中国的飞机上，自己曾制订了目标，而这是为实现这一目标迈出的第一步，良好的一步。

诸葛打开笔记本，翻到他画了五种矛盾类型示意图的那页，仔细研读自己在飞机上写下的目标。

"目标：用具体的语言，准确描述艾莫瑞公司在这些价值中表现出的重重矛盾。找出这些矛盾是如何对艾莫瑞的中美团队产生影响的。"

诸葛先看了看这幅示意图，又花了几分钟重温笔记，然后根据自己从访谈中收集到的信息着手进行分析。

诸葛是这么做的：再次重温自己记录的员工反馈意见，这次的目的是识别出每个人的发言属于五大类别中的哪一类。他先从沃特开始，用钢笔在沃特的反馈意见上做记号，在每个反馈要点上注明相应的类别。

沃特的反馈意见与相应的矛盾类别	
流程、心态与观念	"我们决策人员太多了。"沃特开始发表看法,"我们的主要问题是没有努力工作的动力。"
流程、预期、心态与观念	"我们从来没有获得过任何奖励或奖金。"沃特说,"我们总是在重复劳动。工作缺乏挑战,没有意思。"
流程、执行能力	"我们中国应用工程团队在最近一个项目上干得非常辛苦。我手下的六个工程师不分日夜地干活。但公司没人知道这些,没人认可我们的工作。"沃特的脸因为失望而变红了。
流程、执行能力	"中方团队面对的另一个重要问题,就是文件记录的问题,这是个大问题。美方工程师从来都不愿意及时把新集成电路的有用信息提供给我们。总是拖到很晚,太晚。"沃特说。
流程	"只要有人从美国办事处离开,我们就再也找不到相关文件。"沃特继续说。 …
流程	沃特解释说,很明显艾莫瑞现有的文件资料都保存在工程师的笔记本电脑里,所以当有工程师从公司离职时,所有相关文件也就丢失了。

沃特的反馈意见与相应的矛盾类别	
流程	诸葛内心感到震撼不已。 "代码呢？"他问沃特，掩饰不住对可能得到的答案的担心。 沃特微笑着耸了耸肩："我们尽量将我们自己的代码保存在服务器里，但这只是我们自己的管理措施。" 然后沃特微微提高了声音说："我们必须遵守一定的流程。我们根本没有任何流程！"显然他很沮丧。
心态与观念、预期、习惯	沃特继续说："很多国际客户的生产伙伴都在中国。这就意味着，客户方的营销决定、产品决定、甚至销售决定都是在中国做的。但艾莫瑞美国方面却从不听取我们中国团队的反馈意见。" "中国团队只能做中层的硬件工作，系统构架方面的工作还不行，这是事实。"
心态与观念、预期	"但是我们有动力，愿意尝试这类工作。我们想学新东西，我们希望能以此为豪。即使设计工作很复杂，我们中国团队也没问题。所以请相信我们，我们能做好。"沃特继续说。

沃特的反馈意见与相应的矛盾类别	
心态与观念、预期、执行能力	"我知道美国工程管理团队对知识产权问题非常敏感。他们不想把核心集成电路的开发任务交给我们，但首先他们应该信任我们。"沃特说，表情明显很沮丧，因为这些话他本来不想说。 然后沃特忽然转换了话题："如果我们中国分部的领导更强势一些，帮助会很大。" "为什么这么说？"诸葛诚恳地问。
执行能力、心态与观念	"如果我们中国分部的领导很强势，我们在和美国办事处就客户问题和市场问题进行沟通时，美国办事处就会听取我们的意见。现在他们根本不听，因为他们不相信我们。"沃特回答说。 … "还有，"沃特继续，"如果美国办事处有任何变动，比如有人辞职，就会给中国分部的员工带来巨大影响。" "怎么会这样？"诸葛问。

	沃特的反馈意见与相应的矛盾类别
流程、执行能力	"我们中国办事处的人认为，如果美国办事处那边有什么变动，中国办事处这边接着就会有同样的变动。美国那边有人被裁员，中国这边所有人就会神经紧张。"沃特回答说。 … 然后沃特发表了下面的看法。 "在中国，对高科技行业的工程从业人员来说，只有两条职业道路。一是继续做工程方面的工作，二是进入管理层。但艾莫瑞中国似乎没有给工程师提供任何成为管理者的机会。"
流程、预期	"艾莫瑞应该在公司引入职称-薪水制度。艾莫瑞管理层应该用升职来加强员工信心。销售人员可以根据销售额来排名，而我们中国的工程部却没有相应制度。我不知道怎样才能进入管理层，所以在这里我看不到自己的未来。" "要不给我一个大项目，要不让我担任管理职务。一年前我就提过这个要求，但得到的回答是，'你经验不够'。在美国那边，升职与否由技术部经理决定。而在艾莫瑞中国这边，升职问题控制在人力资源部手中。这样不行！人力资源部懂什么技术工作？"
心态与观念	"这就是为什么我们缺乏热情。"沃特似乎在总结发言，说完这句后便停了下来，微微一笑。 …

沃特的反馈意见与相应的矛盾类别	
流程	"艾莫瑞公司应该投入更大的人力物力进行团队建设。"沃特边说边把身子往后靠，似乎不太愿意触及这个话题。 … "团队建设是好事，投入低，回报高。一起进行运动，打打篮球，一起吃个午饭或晚饭。这些我们都没有。不涨薪水、不升职、不给任何奖金，至少能搞搞团队建设，让员工高兴点吧！"沃特说。
执行能力、心态与观念、流程	"最后，"沃特继续，"我觉得艾莫瑞美国团队做事很仔细，但在我们中国部门这边，我们没有重视文件记录问题和沟通交流问题。我们干了活，却缺乏交流，这是我们的问题。"

诸葛将沃特的反馈信息分别归类后，又重新检查了一遍。他知道对艾莫瑞每位员工的反馈意见，他都得这么分析一遍，不过他也料到了会有很多重复之处。

只要将艾莫瑞每位员工的反馈意见都这样梳理分析一遍，答案就呼之欲出了。那时，也只有在那时，他才能归纳出矛盾脱节类型，才能就每种矛盾类型给出建议，说明管理人员应该如何处理。

第 9 章 ｜ 销售部中的重重矛盾

第二天早上，诸葛和往常一样准点来到办公室，热切盼望着召开新一轮会议，这次的对象是销售团队。

诸葛尤其期盼着能听到来自第一线的声音。谁还能比销售部更熟悉第一线呢？同时，诸葛也清楚，他只能将销售部的意见视作非常重要的意见之一。

不过，等到销售经理结束了和客户的会谈以及内部销售会议后，已经是将近下午四点了。

艾莫瑞中国销售团队有五位成员，其中包括副总裁杰夫。还有两名销售总监，一位是文森特，另一位就是露西。露西现在不在办公室，她的笔记本电脑也不在。

大中华销售区划为两大块，分别由露西和文森特负责。他们都直接向销售副总杰夫报告工作。剩下两位是初级销售员，其中一位叫小赵，负责协调销售客户管理。小赵很年轻，没有什么销售经验，但诸葛还是想和他谈谈。

销售部的第五位成员是初级销售经理小余。小余直接向露西报告工作。露西负责具战略意义的大客户，而小余则管理规模较小的客户。小余还有别的优势：他以前曾担任过现场应用工程师，所以很多客户对他都很熟悉。

诸葛在尽力收集信息的过程中，并没有将基层员工排除在谈话对象之外。但是，在记笔记时，诸葛都会具体注明每位员工的经验水平，这样在对反馈意见进行梳理分析时，对该对每个人的反馈意见给予多大重视才能心里有数。

诸葛注意到文森特的英文比他以前交流过的那些人都强很多，这让诸葛觉得轻松多了。

他们坐在咖世家咖啡馆里，街道对面就是艾莫瑞中国办事处的大楼。

文森特首先发言。

矛盾重重

"我们公司总是只考虑和客户的短期和中期关系，而忽略了和他们的长期关系。"文森特说，"这是个问题。"

诸葛微笑起来，文森特能够开门见山直接深入客户关系这一主题，让诸葛精神为之一振。

"产品开发和销售需求脱节。"文森特继续，"也许中美之间也存在同样的脱节问题。"

"这个对比很有意思。"诸葛说。

"美国的产品开发和中国的销售脱节。"

文森特进一步展开阐述："中国销售团队提出建议后，往往得不到美国产品研发部的任何回应。"

"还有，诸葛，我想谈谈公司文化问题。"文森特说。

"请讲，这个话题非常重要，我很高兴你主动提到这点。"诸葛回答说。

"我听说过几次，有的员工离开公司后对我们的文化颇有微词。"文森特说。

"这可不太好。"诸葛说，"为什么会这样，公司没有给他们足够尊重？"

"公司文化没落最重要的原因是产品质量问题和对未来缺乏信心。公司给人的感觉是只要有那几个人就够了，其他人都可有可无。员工的努力得不到认可。这就是主要原因。"

"我们应该鼓励大多数员工努力工作，而不是只关注少数几个人。"文森特继续说。

"你的意思是有些人工作很努力，而有些人则不？"诸葛问。

"对。这是个很严重的问题。很多人认为自己对公司没有价值，所以工作也不努力。"文森特回答说。

"如果想别人帮你，你就应该认真考虑营造一种积极向上的环境。"文森特说。

"咱们就这点展开谈谈。"诸葛提议，他对文森特的观点非常感兴趣。

"好。首先，我们得允许员工犯错。他们做得不对时不要指责。"文森特继续，"其次，我们的目标应该切实可行，这样大家才有信心去实现目标。"

"这确实是公司的文化问题。"诸葛大声说出自己的想法。对文森特的看法，他百分之百赞同。

"市场营销部应该每月更新竞争对手信息和定价信息。"文森特补充道。

诸葛看着文森特，请他继续说下去。就在那时，露西匆匆忙忙赶到。

———

"不好意思，真是太不好意思，我迟到了。"露西微笑着致歉，然后坐到空着的椅子上。"刚才我有个客户会议。"

诸葛站起来和她握手。"没关系。"他微笑着说，"客户永远第一，尤其是你的客户！"

然后诸葛开怀笑起来，露西立刻觉得没那么不自在了。诸葛和露西花了几分钟互相介绍寒暄，然后讨论重新开始。

"枫叶公司设计案失利的事，我已经听说了。"诸葛首先发言，"艾莫瑞公司必须尽一切努力，避免将来再出现这种情况。"

然后诸葛注视着露西的眼睛说："我想让你知道，我之所以到这儿来，就是因为我想听听你的意见，我该给董事会和首席执行官什么建议来改进公司的现有状况？"

露西的表情立刻轻松起来，她微微一笑，似乎诸葛的话让她有一种解脱的感觉。

"谢谢您关注这件事。对目前的状况，我当然不太满意。我希望尽最大努力挽回此次设计失利，但您看，我需要帮助。"露西说。

"嗯，我明白。"诸葛回答。

交谈了几分钟后，诸葛把开门问题扔给了露西。

露西开始发言。从她的表情，诸葛很清楚露西非常明白这是她畅所欲言，向艾莫瑞高层管理表达自己看法的大好机会。

"我觉得艾莫瑞没有专业化的流程。"

露西的这句开场白让诸葛吃了一惊，不过他没表现出来。

"这么多人提到的大都是艾莫瑞的缺点，我必须想点办法改变这种情况。"诸葛心想，但什么都没说。

"中国这边的应用工程部、现场应用工程部、销售部和市场营销部接受的培训都很有限。公司必须要有专业流程可遵守。"露西继续。

"销售团队需要培训，他们需要每天都和市场营销团队一起讨论，只通过邮件联系是不够的。"露西说。

诸葛就这点深入询问了几句，结果了解到销售部和市场营销部尽管都位于同一层楼上，彼此之间只隔了几步，但营销部只用电子邮件和销售部沟通交流。

"这绝对不行。"诸葛想。

"我们需要市场营销团队与我们一起进行季度业务回顾和销售回顾。"露西继续，"我们会召开每周销售例会，但如果中国这边的销售有任何问题，应用工程部、市场营销部或美国团队不会给我们任何回应。会上市场营销部的人也不怎么发言。纯粹是浪费我们的时间。"

> **"我们会召开每周销售例会，但会上市场营销部的人不怎么发言。纯粹是浪费我们的时间。"**

然后，似乎是为了再次强调这点，露西又说："销售部从公司的内部团队得不到任何信息。我们得到的所有信息都来自外部。我的多数信息都来自我自己的关系网和业内朋友。"

"我们的市场营销团队不够强。我们销售人员在前面奋战，后面却没有人支持。"露西继续。

诸葛欲言又止，然后说："你进来时，我和文森特正在讨论市场营销和产品问题。要不咱们让文森特先把话说完？"诸葛示意文森特继续。

"产品性能非常重要。价格也非常重要。我们的定价指南太老了。必须每季度更新。我们应该对关键客户进行分析，具体情况具体对待。"

"还有一件事。市场营销部应该提前公布新产品日程。及时提供销售培训。我们给客户提供的信息应该一致。"文森特继续。

"你谈到的所有这些，难道不是每个市场营销和销售团队应该一起进行的基本活动吗？"诸葛很奇怪文森特提出的都是这么基础的建议。

"难道这么基本的东西在艾莫瑞公司也没有做好吗？"诸葛有些疑惑，但是什么都没说。

文森特微微一笑，然后继续发言。

"还有非常重要的一点，是关于客户预测订货量的问题。"文森特向前倾了倾身子，似乎这对他而言真是非常重大的一个问题。

"海外客户和中国客户不同。"文森特说，"中国客户不会就未来订货量给你提供预测。"

"中国客户不会就未来订货量给你提供预测。"

"不过，肯定也能从客户那里得到一些预测信息，对吧？"诸葛回答说。

"能，但不可靠。"文森特回答道。

"在中国，很多客户只有短期规划，很快就转战其他领域。"文森特回答说，"在美国，我知道国际客户一般会提供未来半年甚至一年的预测。"

"但在中国，"文森特继续，"很多客户在某个行业里甚至都呆不了一年。他们看到一个好的商业机会，给自己设定好三个月或半年的业务目标，就这样。"

"你的意思是说，之后他们会结束这项业务？"诸葛问。

"也许。如果生意好，他们当然会继续。所以这些都是短期业务。很难从他们那里得到未来六个月的预测和预测订货量。"

"这意味着即便是短期的预测或预测订货量都可能不可靠。"诸葛自言自语地说。

文森特笑起来。"没错！现在您明白了！"

诸葛也笑起来："现在我明白了。如果我们大多数中国客户就是这样的，我们就该调整自己来适应这种情况，对吗？"

文森特两眼放光，"没错！我希望我们能这样做。"

然后露西总结发言，提到了自己观察到的其他问题。

"必须严格对新产品进行测试。在向客户发布产品前，所有测试结果必须表明我们的产品是最好的。销售和市场营销部之间必须每周召开例会，会议必须由市场营销部主导，而不是销售部。"

"枫叶公司设计案失利后，现在整个公司的氛围都很压抑。我们需要成功。我们需要加快公司步伐。我们没多少时间可以浪费！"

说到这里，露西忽然拿起手机，开始通话。几分钟后，她站了起来，"我得去和这位客户谈谈"，然后就收拾了自己的笔记本准备离开。

诸葛也站了起来，"当然，当然，没问题。"

露西匆匆忙忙离开了咖啡馆。

———

诸葛又点了几杯咖啡，鼓励小赵和小余也发表发表自己的看法。小赵先发言，他的声音很浑厚。

"其他部门不把销售问题当回事。"

"能告诉我为什么吗？比如是哪些部门？"诸葛问。

"市场营销部或工程部。他们不着急。我的工作就是确保客户报告的问题得到相应关注。我给他们打电话，请他们解决，但就是没什么效果。"小赵回答说。

"技术部那边反应非常慢。"小赵继续，"市场营销部也一样。"

"客户认为我们的产品不如从前了。"小余插了进来，做了点补充，"也许艾莫瑞已经失去机会了。"

"很多客户抱怨。美国研发部门的反馈速度也不行。"小余继续，"有些问题中国的应用工程部解决不了，所以就转到美国那边。但是美国那边往往反馈很慢，有时要晚上五六个月。"

"晚五六个月？"诸葛非常吃惊。

"有时就是这样。当然那时候再给客户任何回应都没用了。"小余说，"客户不愿意再把时间浪费在艾莫瑞上，所以他们选择了三国。"

"我的销售主管，露西和文森特，"小赵冲着坐旁边的文森特一笑，"甚至副总裁杰夫都说，'使劲儿催催'，但在艾莫瑞使劲催已经司空见惯了，所以根本没什么用。"小赵笑起来。

> **"甚至副总裁杰夫都说，'使劲儿催催'，但在艾莫瑞使劲催已经司空见惯了，所以根本没什么用。"**

"收到客户问题时，你们会按情况的紧急程度和重要性进行优先排序吗？"诸葛问。

"这根本没用。是，我们是想按优先顺序来，但对我们的销售主管来说，什么都具有最优先级。"小赵微笑，"有时我们花了也许两个小时来对问题进行逐个讨论，排定了优先顺序，然后某位客户给杰夫打个电话，然后杰夫就把优先顺序给改了。"

"这么说是有流程的，只是不是人人都遵守。"诸葛说。

"然后应用工程部和工程师们就会向我抱怨，说他们都搞不清楚该哪个先，哪个后了。"小赵说，"有时改变优先顺序没问题，我们得灵活开放些。但问题是现在谁都不再管什么优先顺序，什么都急得不行。"

诸葛非常理解，在面临设计失利这种情况时，销售部一般都没有什么耐心去走流程。他还知道在这样的危急时刻，绕过流程的诱惑非常大。

"制度的崩溃就是从这里开始的。"诸葛想。

"客户们总是抱怨发货太晚。"小赵说。

"你是说样品还是产品？"诸葛问。

"订单需要财务部、运营部、市场营销部全都批准才能放行。"小赵说，"我必须亲自给每个部门电话，因为没有自动提醒系统。有些还需要美国那边批准，造成更严重的延误。装运只得不断往后拖，问题很严重。"

"说实话，这些情况是找不到什么灵丹妙药的。咱们这样的公司必须制定严格的纪律来保证流程得到遵守。"诸葛提高了声音。

"我觉得我们需要好的领导。"小赵似乎在自言自语，"好的领导人得以身作则，在中国就得这样。"

"我认为在哪儿都是这样。"诸葛微笑着回答。

几分钟后，话题转到了小赵的职业目标上。

"我不敢肯定自己是否想继续做销售。"小赵说，"我才开始自己的职业生涯。销售不是我唯一的目标。就职业发展来说，我很难说清楚自己到底想要什么。"

"艾莫瑞的奖励制度不公平。"小赵继续发表自己的看法，"这份工作让我看不到未来。我可以做得越来越好，为公司做的贡献越来越大，但是在这里我却看不到自己的前途。"

诸葛点点头，鼓励小赵稍微耐心一点。

小余忽然插了进来，他显得很郁闷。"我认为艾莫瑞缺乏公司文化。"

"很多人都和我谈起过这点。"诸葛说，"所以我想你说的也是别人所感受到的。"

小余说："我认为公司应该建立一套稳定的奖励制度。而在艾莫瑞公司，到目前为止，所有员工的工资涨幅都为零。我们也没有绩效考核制。我们需要这种制度。"

"我认为团队建设非常重要。特别是销售部和市场营销部的团队建设，在过去这就是零！"小余继续说，"我们应该多安排一些培训和团队建设活动。"

然后，小余似乎忽然受到了某种鼓舞，把憋在心里已经好一会儿的话说了出来："什么是文化？我去拜访客户时，客户应该把我当自己喜欢的公司来接待。不应该因为我本人记住我，而应该是因为艾莫瑞公司记住我！"

"完全没错。"诸葛这么想，也这么说了出来。

小余微微一笑。

诸葛合上笔记本，又以轻松的口吻和小赵、小余聊了几分钟。诸葛想让他们知道，这样交换意见实际上已经是向前迈出了积极的一步。

此时已经是晚上六点多了，诸葛知道小余还得倒两班地铁花一个半小时才能到家。所以他们又交谈了几分钟后，诸葛就宣布散会。

第 10 章 | 市场营销部中的重重矛盾

"中国的市场营销部非常弱。"小马以这句话开始了自己的反馈。

两天前，诸葛和销售部进行了会谈，现在应该和市场营销部讨论讨论了。

诸葛早上有几个会要参加，只有下午才有空与市场部会面。

艾莫瑞中国市场营销部很小，只有两个人。第一个是小马。小马是位年轻男子，大概有三四年的工作经验，但诸葛不清楚其中营销经验有几年。第二位营销经理是小宁。小宁好像也是初级员工，刚刚开始自己的营销事业。

诸葛开完会后，返回自己办公室，边在笔记本上记录，边等待小宁和小马到来。等了几分钟后，诸葛站起来，绕到办公室那边去找他们。

小宁刚拿起笔记本，看到诸葛，连忙加快速度，迎了上去。过了片刻，小马也到了。

他们一起去了大楼地下室的咖啡厅。十一月的北京，晚上已经开始颇有寒意，所以他们避开了三楼的露天咖啡馆，选择了温暖的地下咖啡厅。三个人坐下后，已经是下午三点过几分了。

"中国的营销团队没有权，没有决策权。"小马说。

"艾莫瑞公司有营销总监吗？在中国有营销副总裁吗？"诸葛问。

小马回答说没有。

"现在没有。我们以前有过市场营销总监，后来离开了公司。"小马说。

"你刚才说中国的营销团队很弱是什么意思？"诸葛想往下深挖。

"我们的职能其实只是提供服务，而不是真正的市场营销。"小马回答说。

"为什么不是？"诸葛刨根问底。

"前任市场营销总监离开后，我们就不知道该怎么办了，我们都是市场部的新人，需要市场营销方面的培训。"小马说。

"你们现在的市场营销活动有哪些？"诸葛问。

"我管理合作伙伴关系，小宁负责竞争性调研。"小马回答说。

小宁说除了竞争性调研外，她还帮着做些产品发布流程方面的工作。

"谁负责产品营销、管理客户要求之类的事？"诸葛问。

"我们一起。"小马说。

诸葛心想："中国这边缺乏一名专门负责产品营销的专业人员，这似乎是问题的症结所在。"但他什么都没说。

"美国营销部控制着新产品的发布。他们告诉我们什么时候把新产品的信息通知销售部。"小宁说。

"我们的产品线很单一。"小马继续说，"这是中国客户很关注的一个大问题。"

"诸葛，我想和您谈谈中国客户。"小马沉默了片刻说。

"诸葛，我想和您谈谈中国客户。"

"请讲，我很希望能多了解一些这方面的情况。"诸葛回答说。

"首先，中国客户不喜欢旧产品，他们希望看到未来两三代的产品规划蓝图。"

"其次，样品价格和初步价格太高，中国客户很难接受。在美国，大家都觉得小批量的样本价格比常规价格高上三倍没什么问题。量大则价低。但在中国，很多小客户希望立刻开始项目，如果你样品收费比正常高三倍，他们根本就没法启动项目！您能明白吗？"

"所以在中国，最好降低样品的价格？你觉得他们认为样品应该免费提供吗？"诸葛问。

"当然人人都喜欢免费样品，但是我们也没有必要就免费给他们。但也不能把价格定得太高。而且，在初期阶段，很多中国客户的订货量都低于10万套，这要看当时的市场情况。所以即使订货量小，价格也得定低一些。"小马回答说。

"第三点呢？"诸葛问。

"中国客户必须觉得我们的产品性能非常好。我们不能给他们低性能的产品。"小马说。

"你知道吗，"诸葛听完小马的发言后说，"在艾莫瑞美国办事处，以及很多美国公司里，很多人都认为中国客户只要求产品性能'过得去'就行了。"

"几年前，这可能是实情。客户别无选择只能用艾莫瑞的产品时也是这样。但现在三国的产品性能非常好，中国客户可以用三国的产品，为什么不用！"小马回答说。

"这完全说得过去。"诸葛说，"不管是中国客户还是国际客户，只要有选择，他们当然要求更好的性能和价格。"

小马笑着点头，好像很高兴看到诸葛赞同他的观点。

"你觉得公司最近氛围怎样？"诸葛问。

小马微微一笑，但在诸葛眼里，他的笑容里有一丝嘲讽的意味。这些天来，诸葛已经习惯了在问到这个问题时看到这种略带嘲讽的笑容。

"不好。"小马回答说。

"怎么个不好法？"诸葛问。

"给您举个例吧。高层人员犯错，底层人员受责。"小马回答说，"这家公司就是这样，不是某个部门这样，而是整个公司都这样。"

"我认为应该按照流来行事。但是公司对产品发布流的规定却不明确。"小宁说。

"你说的流其实就是流程，对吗？"诸葛想问清楚。

"对，流程。还有，我们必须设立一个文件管理中心。我们公司没有。"小宁回答说。

"有公司内部网吗？"

"没有。"小宁回答说，"公司大量资源浪费遗失，不同团队之间总是在重复劳动，比如工程部和应用工程部。"

"为什么这么说？"诸葛刨根问底。

"客户把问题报告给我们，工程部解决了问题，有时候应用工程部也解决了问题，他们相互之间也不沟通交流，造成重复劳动。"小宁回答说。

诸葛明白了她的意思。

"只要建立一个简单的流程，这个问题便能迎刃而解，对吧？"诸葛似乎在自言自语。

"对。"小宁微笑着表示赞同。

"你的竞争调研是怎么做的？"诸葛问。

"一般是通过网络。有时和朋友啊，我自己的联系人啊聊聊天，他们会告诉我一些消息。"小宁回答说。

诸葛在笔记本上记了几笔。

"我觉得中方员工能做好技术工作，但是没人按照流程来。"小宁进一步阐述。

"比如，工程部让应用工程部开发集成电路面板，但在应用工程部开始开发前，工程部应该先让他们知道我们的营销战略。因为营销战略对系统面板的要求和设计都非常重要。"

"完全正确。"诸葛表示赞同。

"艾莫瑞需要公司文化。这种文化不能只是几句空头口号。我们应该身体力行这种文化。文化是公司的灵魂所在。"小宁说。

从小宁的口中听到"公司的灵魂"这样的话，让诸葛既惊又喜。

"至少有人还对公司抱有热情。"诸葛心想。

"公司应该为员工提供足够的发展空间。我们应该经常让员工轮岗。"小宁继续发表自己的看法。

诸葛和小宁又交谈了几分钟后，有一点便很清楚了：小宁非常熟悉好的公司的流程应该是什么样的。

　　这次会议很快就结束了，诸葛想："我们也有素质很好的员工。也许艾莫瑞需要的不过是简单实用的流程和良好的市场营销管理。"

第 11 章 | 迷雾重重

两天过去了。

第二天傍晚时分，整个工程部都和平时一样静悄悄的，工程师们都在忙着自己的工作。

很快就到了六点半。艾莫瑞中国工程部负责人弗兰克只有一个念头：下班回家，回到妻子和家人身边。他要先坐四十分钟的地铁，再坐半个小时公交才能到家，等到家时就已经八点了。

他匆忙结束了手头几项琐碎的事务，收拾起笔记本电脑，走出自己的小隔间。

从工程部出来，走过通道转弯处时，发现办公楼那端销售副总杰夫的办公室门紧闭着。

玻璃窗是打开的，弗兰克可以看到里面明亮的灯光。看起来好像副总裁有客人在。

"也许就是那个罗伯特·莫尔，那个诸葛，美国办事处来的投资人。"弗兰克想。

看到紧闭的房门，想到销售副总杰夫和投资人罗伯特·莫尔两位高层人员就在那间屋子里，弗兰克忽然又感觉到那种熟悉的不安与不满。

弗兰克今年已经三十八了，做工程师已经做了十四年，他已经不再是人们口中的基层员工。但是像很多雄心勃勃的工程师一样，他还是满心渴望自己的事业能更上一层楼。

弗兰克生于河北，长于河北，在美国一所著名大学获得通信工程博士学位后，进入了硅谷一家主营通信半导体设计的高科技创业公司，在那里工作了五年。

后来那家公司因为缺乏投资而倒闭，弗兰克返回中国，转而投身一家上市的中型公司。在那里呆了六年，却越来越焦躁不安。

最后，他终于听从了自己想加盟创业企业的心声，于三年前加入了艾莫瑞中国分部。

无论是在中国还是在硅谷的 IT 公司里，弗兰克这样的工程师随处可见。在很多方面，他都和该领域的其他工程师类似，都有动力改进自己的技能，不断寻找机会学习、提高、得到认可。

但最近，弗兰克有了些别的异样情绪。

大约两年前，一种从来没有过的焦躁不安情绪开始萦绕在弗兰克心头，不管什么时候来上班，这种情绪都挥之不去。弗兰克没有对任何人讲过自己的感受，但只要想到自己在艾莫瑞公司的角色，那种不满的情绪便不由自主地涌上心头。

毫无疑问，他喜欢艾莫瑞这家公司。他觉得这里的工作环境自由开放，同事待人友好、乐于助人。但他还是会觉得焦躁不安。他自己也不能完全说清楚为什么会有这种感觉，但他知道这一切都和他在公司的地位有关，在公司里他只是一位个人贡献者。

弗兰克清楚自己希望事业再上一个台阶。但却很难想象另一个管理台阶上的崭新世界是什么样子。他知道自己希望承担些更重要的、更有意义的工作，但具体这是什么样的工作，他其实并不清楚。他无法把自己和更高一级的管理角色联系起来，因为他不知道比他级别更高的那些人是如何完成自己工作的。

弗兰克经常疑惑，不知道别人是否也有这样的感受。很长时间以来，尽管他并没有过多地去想这个问题，这种感觉一直在他心头萦绕不去。他没有采取任何行动，只是任由这种情绪在心头纠缠。

刚开始时，他认为这种不安的感觉只是因为压力过大。在高科技公司，压力实在太常见了。不管怎样，这就是在高科技公司工作的代价，难道不应该接受吗？别人不是都说中国的高科技公司是全世界最热门的新兴企业吗？这种不满不安的感觉是在这样的公司工作必须付出的小小代价。刚开始时，弗兰克是这样劝慰自己的。

————

但最近几个月来，弗兰克不知道自己是否还能继续忍受这种焦躁不安的情绪。

在艾莫瑞公司，他注意到了一些现象，这些现象迫使他重新审视自己的这种不安感。他试图将自己的想法写下来，却发现难以找到适当的语言来表达。"就像徒手抓滑不溜丢的鲶鱼一样。"弗兰克想。

不过他坚持着不放弃。

然后，慢慢地，一点点地，他开始找到了文字来表达。不过还是很模糊，他自己也不敢肯定这些话是否准确。

弗兰克知道的情况：

他知道自己工作的这家公司是一家半导体芯片公司。他知道他们设计的是什么类型的芯片。他知道芯片必须通过的技术标准是什么。他知道芯片的内部参数，但在这方面他了解有限，因为美国团队的多疑，他无法了解到太多相关信息。

他知道好芯片和坏芯片的区别何在。他也知道，而且非常清楚，要设计出真正出色的芯片有多难。

最重要的是，他知道美国设计小组的那些同事有多聪明。事实上，和美国工程团队合作是他工作生涯中最刺激、最有意思的事。他非常喜欢和他们一起工作。

他知道自己的任务是什么，因为，嗯，他就是知道。他知道是因为这些任务都有明确规定。他不仅非常熟悉芯片系统中自己这部分的工作，对其他方面也有比较好的了解，所以对整个系统都有比较好的把握。

总之，他对芯片系统架构的总体情况还是相当清楚。

但是这以外的其他情况就是一团迷雾了。

公司的整体情况怎样，这点弗兰克并不清楚。

弗兰克不知道的情况，以及焦躁不安的原因：

他知道艾莫瑞有市场营销部和销售部。他还知道美国市场营销部控制着芯片的要求文件。

但要求文件究竟是怎么制订出来的？他不太说得清楚。

一团迷雾。

他隐约知道销售经理都采用佣金制。他猜所谓佣金制，就是从卖出去的芯片中提成百分之多少。

"那还不错。"只要想到这点，他就情不自禁地微笑。

然后他尽力想象客户具体是怎么作出决定是否使用艾莫瑞芯片的，然后脑子里又是一团迷雾。

他尽力想象客户具体是怎么作出决定是否使用艾莫瑞芯片的，然后他脑子里又是一团迷雾。

如果有人问弗兰克，艾莫瑞公司的产品计划是什么，弗兰克一开始肯定什么都答不上来，因为他不知道公司里究竟是谁在负责这个。弗兰克觉得公司里肯定有人制订这些计划，他，弗兰克，没必要去操心这些。

如果弗兰克沿着自己对艾莫瑞管理工作的理解思考下去，就会发现，在他的想象里，一切都由某种自动运作的机制完成，这种机制完全靠自我驱动，自动完成公司内种种此类事务。

诸如公司计划、销售佣金计划、以某种方式促使客户做出购买艾莫瑞芯片的决定，所有这些都由某个人，某个自动运作的机制推动完成。

但这个自动机制到底是什么，弗兰克说不上来。不知怎么回事儿，只要想到这里，弗兰克的大脑便僵住了。

一团迷雾。

也就是说，只要不是直接和他的芯片设计任务相关的一切，在弗兰克的脑海中都是一团或浓或淡的迷雾。这一切，都由艾莫瑞管理团队的某个人通过某种方式来处理。有人管理这个自动机制，推动公司向前发展。

事实上，弗兰克心里认为，公司雇佣这些高层管理人员，包括正在房门紧密的办公室内和罗伯特·莫尔密谈的销售副总杰夫，就是干这个的。公司聘用他们就是为了让他们管理这种自动机制。

只有真正"经验丰富"而且"相当成功"的高级管理人员才知道

这种自动机制到底怎么发挥作用。这就是为什么给他们冠以"首席执行官"、"副总裁"等头衔。

事实上，艾莫瑞公司里不管有什么事，只要是弗兰克不能理解的，在他心里便只有一个模糊的印象，这时候他就会假设公司里的自动机制会解决一切。

"高管层知道如何驾驭这一自动机制，有他们操心就够了。"弗兰克就是这么假设的，有时候这是一种下意识的假设。

当然，弗兰克对分派给自己的设计任务都很清楚。完成设计任务后，他会把自己的设计文件、代码、模拟结果和意见整理成一个可交付包交给美国上司。也就这样了。至于自己的努力和艾莫瑞公司的业务还有什么更深的联系，这就不是弗兰克理解范围内的事了。

就好像是他将所有的可交付包扔进艾莫瑞这团迷雾里。在迷雾的那端，自动机制接收到他的可交付成果，然后就发生一些事，然后不知怎么搞的，客户就开始使用艾莫瑞的芯片了，然后公司就开始有收益了。

因为在弗兰克的认知里，艾莫瑞的这一自动机制是不明确的，甚至可以说是难以明确定义的一团迷雾，所以弗兰克觉得自己并非这种机制的一分子。在这团迷雾中，他没有发言权。对这团迷雾，他也一无所知。他在不在公司对这团迷雾来说都没有什么区别。至少这是弗兰克在面对这团迷雾时的真实感受。

这种自动机制在艾莫瑞公司似乎完全是一种独立的存在，只是要求弗兰克在完成设计后，将可交付成果扔过去就完事大吉。

艾莫瑞的这团迷雾没有形状，但弗兰克却能感觉到迷雾中似乎有双大眼睛随时随地盯着他，监视着他。只要想到公司可能裁员，自己可能被开除时，弗兰克便觉得这团迷雾充满了威胁性。

艾莫瑞这团迷雾以及冷漠的自动机制所带来的不安、不满和漠然感，让弗兰克觉得压力非常大，尤其是现在，在公司刚刚在枫叶公司设计案中失利的时候。

弗兰克的这种焦躁不安更胜往常，原因在于，在一开始他就不知道公司是怎么赢得了角逐枫叶公司设计案的机会，所以设计落选便如从那团迷雾中直击下来的晴天霹雳，让他感觉到更为焦躁不安。

所以，当他看到销售副总办公室大门紧闭时，弗兰克再次更为强烈地感受到了那种被孤立的感觉。在弗兰克眼里，那扇紧闭的房门便是艾莫瑞那团迷雾，将他关在外面，将他排斥在外，不断提醒他，他并非其中一员。

所以，弗兰克有着这种特别的无助感。

就在这时候，诸葛请他第二天一起参加会谈。

第 12 章 ｜ 工程部中的重重矛盾

第二天早上，诸葛和中国工程部一起召开了会议。

他的计划是先和一线部门，即直接面对消费者的销售部、支持部和市场营销部谈，然后再逐步过渡到以产品为中心的工程部。到目前为止，这一计划一直进展顺利。

诸葛再次查看了自己的笔记本，注意到他还需要和一个面向消费者的部门会谈，那就是运营部。此外，他还约好了时间，要和艾莫瑞中国办事处的财务部、人力资源部和行政部会谈。

诸葛自言自语道："和运营小组的会谈大概要花一到两天，不过一周内我可能就能结束所有讨论。"

那天早上工程部的与会人员包括负责中国工程团队的弗兰克和其手下的资深成员之一约翰。约翰负责与主板相关的工作，包括 FPGA 开发板的设计。美国研发团队在将排线表列送到芯片厂之前，要先用 FPGA 开发板对芯片进行概念验证。

过去几天，诸葛听到几个人提起弗兰克时，都对他的评价颇高。看起来弗兰克在艾莫瑞中国办事处的形象相当积极正面。别人告诉诸葛说，弗兰克"非常积极、非常热情、非常认真。"

还有人说，尽管弗兰克是中国工程团队的负责人，但他"从不把自己当领导来炫耀，言谈举止就像一名普通员工。"

"这样的好人，我们一定得把他留住。"诸葛心想。

那天早上天气暖和，于是诸葛、弗兰克和约翰便把会谈地点定到了三楼的开阔地。

诸葛扔出自己的开门问题（这时候艾莫瑞中国办事处每个人都知道诸葛在会上会首先提出这个问题），然后讨论开始。

"现场应用工程部在客户问题上执行不力，这给我的工作造成了很大障碍。"弗兰克说，然后用了一个具体的客户问题来详细阐述。

"现场应用工程团队的响应速度很慢。在和几个关键客户打交道

矛盾重重

时，他们把问题搞砸过几次。"

"咱们花几分钟详细谈谈。"诸葛说。

"现场应用工程部出于某种原因，不太愿意和客户沟通。"

诸葛问道："你是说他们在和客户交流时总是拖延，还是说他们不愿意和客户沟通？"

"我不清楚。也许两者都有。"弗兰克回答说，"现场应用工程部总是花大量时间来和我还有工程部别的成员以及应用工程部的成员争论。"

"我们的意见他们听不进去，只是不断向我们重复同一问题的解释。他们在分析诊断问题时，总是坚持自己的观点。"

"中国的市场营销部呢？"诸葛问，"他们应该能更好地就客户问题进行沟通，他们能帮得上忙吗？"

"我和中国的市场营销部接触不多。我觉得他们效率低下，也不帮助解释问题。"弗兰克回答说。

> **"中国的市场营销部效率低下，也不帮助解释问题。"**

"对我来说，要解决具体的客户问题，我需要更深入地了解我们芯片的内部算法和结构。"弗兰克继续，"但这太难了。美国办事处和我分享的信息有限。我明白这牵涉到保密问题，但他们还是应该与我分享这些信息。我们得找到办法解决这个问题。"

"你是说我们应该找到办法让他们愿意分享信息吗？"诸葛心里其实也有同样的想法。

"是的，哪怕不给我们内部结构和详细信息，只给测试芯片用的某种模拟执行文件也行啊。"弗兰克回答说。

"我非常渴望自己的专业能力再强一些。"弗兰克显得有些郁闷，"但我们拿不到公司文件，没有软硬件文件，没有固件文件，我们能怎么办？"

"我们需要一套文件系统，保存在公司内部网里。"约翰说，

"这样，有人离开公司时，他们所做的工作不会随之丢失。"

"如果网络服务器出了问题，我们还有备份可用。"约翰继续。

然后，约翰似乎忽然意识到美国办事处害怕出现知识产权泄露问题，于是补充道："当然，可以对访问名单加以限制。"

"对重要的大项目，比如 FPGA 系统，我们需要有完整的程序和计划。对 FPGA 平台，我们必须要有明晰的要求，因为这要用两三年。"约翰说。

"这些我们都应该在主板开发前完成。"约翰继续，"但是美国方面总是忽然把任务扔给我们，从来都没有进行过良好的事前规划。"

"这些系统非常复杂，我们需要提前仔细规划。美国办事处不愿意让我们了解相关计划。我们希望能提前知道新计划的情况，而不是周一接到要求，要求我们周五前必须完成。这会迫使我们压缩自己的日程安排。"约翰继续侃侃而谈。

"这也让我们觉得不爽。"他笑起来。

诸葛也笑起来，点头表示赞同。

———

"此外，"弗兰克进一步补充道，"美国那边似乎还有纪律方面的问题。每次召开重大会议或决策会议时，总有关键工程人员缺席。而与会的人员中有些也不认真听。他们对批评非常敏感。他们只给我们一些文件，但从不给我们流程图，也不对流程进行解释。让人非常郁闷。"

"每次召开重大会议或决策会议时，总有关键工程人员缺席。"

弗兰克的话中，诸葛可以看出弗兰克在和美国办事处沟通方面确实存在困难。

"此外，"弗兰克继续，"艾莫瑞领导太多。这个公司人人都扮演着双重领导的角色。"

矛盾重重

"双重领导？"诸葛有些迷惑不解。

然后他就反应过来了。"哦，你是说多个领导试图解决同一个问题吗？"

"对。"弗兰克笑起来。但诸葛看得出这是一种无奈的笑，不是高兴的笑。

停顿片刻后，约翰说："对公司的其他流程，我几乎一无所知，但是我自己希望做一些更具挑战性的工作。我觉得在艾莫瑞公司，我自己的经验没有得到充分发挥。我愿意把自己的经验贡献出来。"

约翰继续说下去："在这家公司，没有规则明确的奖励制度。我也不知道自己干得是好是坏，因为反正也看不出差别。"

诸葛说："这可不是什么好事儿。"

"有时候美国办事处会有两个人给我指派同样的任务，他们事先也不沟通，于是造成任务重复。"约翰说。

说完这些话，约翰似乎把心中的不满都释放了出来。"反正，在艾莫瑞工作真是不容易！"说着，约翰笑了起来。

"如果我有更多的机会，我能够得到更多的认可，我就有动力把工作做得更出色。"约翰说，"说到奖励，我并不仅仅指金钱方面，也指更多的培训机会和升职机会。"

"最重要的是，我们希望从主板转移到芯片设计。我们在这儿的工作有时缺乏挑战性。挑战自我很重要。

"活倒是很多，就是没什么意思。我们希望多干点，但希望是做一些新的工作。我听说，其他美国公司给员工提供定期培训机会。而在艾莫瑞公司，我们完全没有任何培训。"约翰笑着说。

"我希望成为最优秀的工程师。但是如果公司不帮助我，我怎么能实现自己的理想呢？"

诸葛认真地把约翰说的一切都记录了下来。

他们又交谈了一会儿。诸葛和艾莫瑞中国部门的员工交流越多，一种共通的模式便越发清晰地显现出来。有好几位员工都报告了同样的问题。所以诸葛开始对几个亟需修补和改进的关键领域有了清楚的认识。

再谈了一会儿，大家都觉得差不多该结束了。于是又就各自的背景闲聊了几分钟，本次会议结束。

第 13 章 | 人力资源部中的重重矛盾

下午，诸葛查看了笔记，下一个会议轮到中国人力资源部经理朱莉了。

朱莉是公司的元老级人物，从艾莫瑞中国分部成立以来便在此工作。

"对艾莫瑞中国分部的各种问题，我已经了解了不少了。不知道朱莉还会告诉我点什么。"诸葛一边等待着和朱莉一起讨论，一边想。

朱莉首先对诸葛的工作表示感谢，态度非常礼貌温和。

在咖啡厅坐下后朱莉对诸葛说："从来没有人像您这样挨个和艾莫瑞中国部的员工单独谈过。"

"一年一次都没有过？"诸葛很吃惊，艾莫瑞的管理团队居然从来没有和员工进行过一对一交流。

不过他没有在朱莉面前表现出自己的惊讶。

"从来没有。"朱莉边说边笑起来。

接着她的表情变得严肃起来，很沉稳地开始提出自己的反馈意见。

"我热爱这份工作，但是非常遗憾，我不得不说在艾莫瑞，大家真的没有什么工作热情。"

"哇，这么开始咱们的会谈真是不一般。"诸葛微笑着说。

朱莉也笑起来。不过他们心里都清楚，朱莉说的可不是什么笑话。

"高层管理人员和基层员工之间的交流少之又少。"朱莉说，"大家都不清楚自己的短期和长期目标是什么。高层管理人员很少和中方办事处的员工直接交流。"

"新人进公司时，我不知道该怎么给他们介绍公司情况。我向其他部门咨询公司的市场份额和其他详细情况，但得不到什么确切答案。"朱莉继续。

"新人进公司的第一天，不是应该给他们一份新员工资料袋吗，难道你们没有？"诸葛问。

"我们以前有，但现在没了，以前那个太老了。"

"如果我们自己都没有，当然也没法提供给新员工。"诸葛说。

"没错。"朱莉点头赞同，"还有，艾莫瑞内部人员沟通不畅时，外界就会有流言蜚语出来，认为公司出了什么问题。"

"作为内部人员的公司员工呢？"诸葛问。

"这是另一大问题。没有哪个部门经理操心团队建设、绩效评估、审核等问题。"朱莉回答说。

"从人力资源部的角度出发，你是怎么处理的？"诸葛问。

"我让他们来参加团队建设活动，他们说没时间。"朱莉脸上掠过一丝不满。

"还有一件事。"

朱莉停了下来，似乎在整理思路。

"管理人员对自己手下员工的业绩不满意时，他们不直接和员工谈，而是推给人力资源部。"

诸葛一开始觉得这种行为真是奇怪，但转眼他就猜到了原因，所以他问朱莉："是因为管理人员不愿意和自己手下员工讨论他们的业绩问题吗？"

"是。"

"为什么，和中国文化有关吗？"

> "我觉得有些管理人员把这搞得和中国文化有关。但实际上，和中国文化没有必然的关系。"

"我觉得有些管理人员把这搞得和中国文化有关。"朱莉说，"但实际上，和中国文化没有必然的关系。"

"主要的问题是艾莫瑞中国分部的员工都不清楚艾莫瑞到底是怎么运作的。他们不知道艾莫瑞的组织结构是什么样。我是搞人力资源的，连我都不清楚。"

"真是奇怪。看看每个人的上司都是谁，然后推出公司的组织结构图，这样不行吗？"诸葛问。

"公司人事变动很大。最重要的是，似乎没人愿意公开在公司公布艾莫瑞的组织结构图。"

"真的吗？为什么？"

朱莉笑笑，没有回答这个问题。

诸葛脑子里闪过几种猜测。

"是因为中国分部的员工认为自己属于某个小组这个问题比较敏感吗？"诸葛追问。

"可能吧。"朱莉回答，"有时他们不想显示自己是上司，怕得罪人。"

诸葛笑起来，自己也不知道这么笑是觉得无助，还是因为这种说法在他看来根本就是无稽之谈。

"好吧，我会想办法通过别的途径把这个问题搞清楚。"诸葛知道其实问题不在于怕别人知道自己属于哪个团队。在艾莫瑞中国分部，员工们定期参加小组会议，并且经常公开和小组成员一起去吃午餐。所以原因肯定不是他们想隐藏这一信息。

但说到上司和经理，问题可能就有点微妙了。上司和经理可能不愿意公开向别人展示组织结构图，似乎这么做就是在炫耀自己的职位。

诸葛开始觉得有些焦躁不安。过去几天里他在中国分部听到的所有这一切，公司的文化问题，甚至底层员工都会卷入的微妙的公司政治，都在挑战着他的耐心。

他沉默了片刻，让自己放松下来，然后又点了一杯咖啡。

"公司必须对培训项目进行投入。只要有人事变动，管理人员就应该向全公司通告。"朱莉说。

"我们需要想尽办法让员工觉得自己在公司学到了东西。我们需要加强团队建设，创造一种归属感。"朱莉继续阐述自己的想法，"我尽力想让管理人员知道，有很多工具可以帮助他们管理下属，薪水只是其中之一。"

　　"我以前工作过的公司会给员工奖励。而艾莫瑞公司不知道为什么不鼓励这么做。我们没有任何奖励制度。"朱莉说。

　　诸葛似乎想起了什么。

　　"我听说在中国文化里，厚此薄彼，公开奖励一些人而不奖励另一些人是行不通的。"诸葛问，"是这样吗？"

　　"不是的。这在中国根本不成问题。"朱莉微微一笑，似乎觉得诸葛对中国文化有些误解。

　　"我们应该在沟通交流会上对员工进行奖励表彰。这在中国没问题。在中国我们必须这么做。我们应该公开表彰员工，而不是只在办公室里私下进行。"朱莉说。

　　接着朱莉便沉默下来。从她微笑的表情，诸葛能够推断出这次会谈不会再有什么新发现了。尽管会谈时间很短，诸葛还是决定就此结束。

　　返回办公室后，诸葛一直沉浸在自己的思绪中，有什么办法可以帮助艾莫瑞公司解决他所发现的所有这些问题呢？

第 14 章 | 运营部中的重重矛盾

第二天，诸葛开始和负责芯片生产的艾莫瑞运营小组面谈。

艾莫瑞美国分部的芯片设计小组和中国分部的系统测试小组合作完成集成电路设计，并将设计文件定稿后，下面便是中国运营部的事儿了。运营部要负责设计文件的产品化流程，保证芯片厂、艾莫瑞的包装和测试合作伙伴能根据设计文件生产出优质产品。

艾莫瑞运营部成员有资深工程师鲍勃、生产控制工程师塞缪尔和负责产品测试与产品资质的工程师阿尔文。

刚一跨出电梯走到街上，诸葛便提议说："咱们找家川菜馆吧。"

"哦，您喜欢吃辣？"塞缪尔脸上有一丝惊喜。

"嗯，我觉得川菜是中国菜里最好吃的！"诸葛笑着说。

他们穿过街道，又走了几分钟，来到一家门面很小的川菜馆。点完菜，相互寒暄几句后，便转入了正题。

鲍勃说，为了此次讨论，他已经准备了整整一周了，他一直盼望着与诸葛一起进行探讨。

这些话让诸葛很高兴。看到公司里其他人也很认真地对待自己的项目，诸葛感觉深受鼓舞。

"我们都是运营部的，因此和销售部、市场营销部还有财务部紧密合作至关重要。"鲍勃说。

"在我们公司，项目进度很成问题。"鲍勃说，"我们没有任何缓冲。在制订项目计划时，一切都是按照最好、最快的情况来规划的，这样不行。"

"你是说，完全没有为可能出现的错误或延误留有余地吗？"

"是的。"鲍勃回答说，"你知道，我们是一家无晶圆厂集成电路公司。这意味着我们得和外包厂家紧密合作，完成包装、测试、集成电路资质和认证等方面的工作。我们需要时间和外包厂家沟通交流，从他们那里得到回复。但是公司在做内部计划时却没有认真考虑到这些响应时间。这个问题让我非常不安。"

"没错。"诸葛认真思考着鲍勃刚刚说的话，"你提到的这点很重要，在制订项目计划时，这点是最容易被忽略的。"

"这么说您赞成我的看法？"鲍勃笑得有点紧张。

"当然，我完全赞成。"诸葛微笑着回答，"有时候工程部和销售部，甚至市场部，在制订项目计划时，都只考虑到了需要完成的任务，而没有意识到任务的输入和输出往往会涉及到外部人员，这都需要时间。"

"我们需要催促外包商，这没问题，我完全赞同。"诸葛的积极反应让鲍勃深受鼓舞，"但是艾莫瑞毕竟还是家小公司，我们的外包商还和其他大的集成电路公司合作，我们并非他们的优先合作伙伴。因此艾莫瑞得给他们需要的时间。"

鲍勃继续发表自己的看法："此外，我们还需要文件跟踪系统。艾莫瑞员工用的还是老系统，不能和外包商协作。"

塞缪尔认真倾听了诸葛的开门问题，此时忽然插话说："我的工作就是根据 ERP（企业资源计划）安排装运。我总是要不停地给仓库发邮件，告诉他们发这个，发那个。不太好玩儿。"

"你是说，尽管使用 ERP 就是为了避免电子邮件，但你还是得用电子邮件来督促？"诸葛问。

"对。"塞缪尔回答说，"不知道为什么，我们的软件没有设置好，所以 ERP 的跟踪流程没弄好。我们不能对设备进行有效跟踪，只能给供应商打电话。"

"这样肯定很费时间。"诸葛说，"这只能说明 ERP 软件没有得到充分利用。"

"嗯，现在 ERP 只为销售部和财务部提供服务，对我们运营部来说没什么用。"塞缪尔回答说。

诸葛似乎是在自言自语："大家都知道，文件跟踪系统通常都是更大的软件系统的组成部分。有时新软件在发挥作用前是需要一定时间的。得给员工时间去适应、喜欢新的软件系统，否则只能把大家搞糊涂。"

矛盾重重

"我同意您的看法。"鲍勃说。

塞缪尔和鲍勃都重点强调说，应该认真考虑采用文件跟踪方案的问题，哪怕只是一个简单的方案也行。诸葛在自己的笔记本上记录了这一意见。

然后诸葛敦促他们说："请继续。"

于是鲍勃继续说："销售团队不遵守 RMA（退货授权）流程。"

诸葛笑起来："对一家正在成长的公司来说，这种问题相当常见。我们需要一遍又一遍地强制执行流程。"

"有时候艾莫瑞公司的流程还不错，但没人遵守。这是个问题。"鲍勃回答说。

"还有一个问题。"鲍勃很快又接着说，"在运营部，我们通常会遵照外部公司的故障分析等流程。多数情况下，我们会研究其他大公司的网站，看看他们是怎么做的。我们需要公司给我们提供培训。"

"真的吗？完全依赖其他公司的网站，这样可不行。"诸葛脸上写满了失望，"艾莫瑞是一家专业公司，我们应该有自己的方式方法，有自己的内部培训。"

"但问题是，所有人都在问公司的发展蓝图是什么。"鲍勃说，"没人清楚。我们应该立刻让全体员工知道，公司的发展蓝图是什么。"

"公司的发展蓝图和内部流程有什么样的联系？"诸葛一脸好奇地问。他自己知道答案，但是想了解一下鲍勃的观点。

"如果我们知道公司的发展蓝图，我们就能用我们的故事去激励外包商和客户。这样一来，和他们的互动会更顺利。"鲍勃回答说，"有了公司发展蓝图意味着我们对公司的未来有良好规划。中国公司都希望能看到你的未来计划。"

诸葛表示完全赞同。

———

然后诸葛转向阿尔文，"阿尔文，我想听听你的看法。你对我的问题有什么想法？"

阿尔文微笑着说："我是低层员工，所以我的观点仅供您参考。"

诸葛正想说："每个员工的意见我都会认真听取"，但出于某种原因，诸葛改变了主意，没把这句话说出来。诸葛有种直觉，尽管他真的很看重阿尔文的意见，但这么直接说出来只会让阿尔文觉得他不够真诚。

诸葛淡淡一笑，说："咱们还是随便聊聊吧。"

"艾莫瑞应该从过去的阴影中走出来。"阿尔文说。

诸葛热切地注视着他。

"过去，艾莫瑞一直认为自己可以成长为一家了不起的大公司，但我们现在执行不力，我们得面对这一现实。"

阿尔文继续侃侃而谈："我认为枫叶公司设计案失利后，我们的订单量会下降。其实今年我们的项目规模已经不如以前了。所以我们应该把时间花到其他方面。"

"你的思维很敏锐。"诸葛说，"你是说我们应该把这个时间花到改进执行力上吗？"

"没错。"阿尔文回答说，"为什么要聘用新员工，而不是让内部员工多干点，多给他们些钱？这样不是双赢吗？"

诸葛微笑着说："可以做到双赢，没错。"

"我们是无晶圆厂公司，我们应该把精力集中到产品工程和销售上。其他部门应该更紧凑、更灵敏，更好地整合到一起。"阿尔文继续阐述自己的观点，"也许我们可以把集成电路的设计后端工作短期外包出去。"

诸葛在笔记本上把这些记了下来。

"最重要的是，"阿尔文停顿了片刻，"人力资源部应该解决团队稳定性问题。现在公司根本没有团队建设活动。我们需要这种活动。"

"我同意。就目前来看，各个团队之间的交流有时可能有些不畅。"鲍勃补充说，"我强烈建议公司搞一些团队建设活动。"

"目前公司没有奖惩规则。我们应该建立起这样的制度。我们需要团结起来，向着共同的目标前进。这样团队会更有热情。让员工知道他们的工作是有价值的，如果员工知道自己干得好，他们的自我感觉也会很好，这点很重要。"阿尔文继续说，"如果公司氛围好，那公司也会好！"

"每年我们都必须为公司设立长期目标和短期目标，并且让所有人员知道。"阿尔文说，"现在我们既没有公司目标，也没有个人目标，这意味着我们全无方向。"

"我们的文件管理也该改进。每个项目流程我们都应该有详细的文件。这不仅仅是文件备案的问题，也是有效沟通的问题。在这家公司，人人都有自己的程序，没人遵照公司流程。这样不行。

"艾莫瑞需要一位有力的领导人来掌控所有部门，所有流程。这位领导应该非常熟悉集成电路设计。"

诸葛又记录了几笔。

"目前我对自己的职业道路有些迷惑。"阿尔文一脸严肃，"我希望从事质量管理方面的工作，对一些工具进行研究。但在这家公司，懂得这些的人不多。这家公司能给我的事业提供什么样的帮助呢？"

听到这里，塞缪尔把身子往前倾了倾，开始发言。

"总的来说，我觉得公司文化不太好。我们应该让每个人都了解公司所处的状态和相关信息。"

诸葛点着头说："这是这家公司的一大问题，我现在知道了。很多人都和我谈起过这个。请再说得详细一点。"

"有时候市场部和销售部那边的响应速度非常慢，太慢了。我不知道该怎么处理这个问题。"塞缪尔回答说，"我需要尽快给仓库指令，但销售部或市场营销部那边给的信息却不够。我打电话，结果这个让我找那个，那个让我找这个。虽然我也是艾莫瑞员工，但是有些信息他们还是不告诉我，也许他们觉得我没有必要知道。但是这些信息对我做好自己的工作非常重要。"

"你们不定期召开生产计划会讨论这些问题吗？"诸葛问。

"不光是生产计划的问题。"塞缪尔回答说，"客户可能在两次生产计划会之间改变订货量，客户对我们的内部生产计划会也没什么了解。销售部可能没注意到客户的这一订单变化，我也不知道如何应对这种情况。要为供应商制订装货计划，我得需要销售部为我提供预测。供应商需要我们提前把装货计划发给他们，但是销售部根本不在乎响应时间。他们关心的只是如何完成客户订单。怎么完成？我不能及时为供应商提供装货信息，所以根本就不可能，这会对生产造成极大的影响。

"我想说的就是，销售部和市场部不愿意和我们共享信息。他们有这些信息，我们却没有。"

诸葛认真听完塞缪尔的发言，然后说："你把问题描述得很清楚，非常详细具体，所以现在我觉得我们可以想些办法来解决问题。谢谢你！"

"不客气！"塞缪尔友好地笑起来。

讨论让塞缪尔精神振作起来，他又点了些茶，然后说："我喜欢这份工作。我的专业就是生产控制。和客户联系，和不同的人谈话打交道很有意思。"

塞缪尔的热情感染了诸葛，他也振奋起来，

"这次谈话让我深受鼓舞。"诸葛说，"我希望艾莫瑞公司能为你提供一个良好的职业发展机会。"

"希望如此。"塞缪尔说，"也许有一天，我能够全面掌控供应商到艾莫瑞公司的订单可视化工作。"

他们又交谈了几分钟，然后结束了会议。

第 15 章 | 与中国市场营销部的第二次会谈

诸葛的中国之行即将结束。

两天后他将飞回美国，开始对艾莫瑞半导体公司进行最终评估。

但在离开中国之前，诸葛还有最后一件事要做。他特别提出，要留出时间再和中国的市场营销部交流一次。他认为，在高科技公司，尤其是艾莫瑞这样的无晶圆厂半导体公司，在所有部门中，市场营销部是最重要的，是将其他所有部门团结在一起，集中精力于产品战略的凝合剂。

在和中国办事处的两名市场营销经理小马和小宁交谈后，诸葛的印象是中国市场营销团队没有像别人描述的那么弱。小马和小宁虽然资历还不够，只有四到五年的工作经验，但都对中国具体的价格动态有着相当清晰的认识。

最重要的是，诸葛发现小马和小宁都善于倾听，诸葛很喜欢他们身上展现出来的这一素质。诸葛很清楚，要做好市场营销，最基本、最关键的就是倾听技巧。每天，不管是通过支持渠道，还是通过销售或市场营销渠道，客户都会告诉公司一些值得注意的信息。如果市场部足够警觉，就可以了解到不少信息。

"市场总在告诉你一些信息，但只有注意倾听才能听得见。"这是诸葛的想法。

诸葛决定再对中国市场部进行进一步接触了解。所以，那天下午他又安排了一次开诚布公的非正式讨论，参与人是小马和小宁，地点是艾莫瑞中国办事处的会议室。

三个人在会议室坐下后，诸葛又站了起来，将白板擦干净，然后用很随意的态度开始发言。

"你们知道，我后天就返回美国了。此次中国之行对我意义重大。我们艾莫瑞是一家没有晶圆厂的芯片公司，所以在我看来，市场营销团队在公司中有着非常特殊的、举足轻重的地位。所以在离开之前，我想再和两位谈谈。"

"和您聊天非常有意思。"小宁微笑着说，"能再有这样的机会我非常高兴。"

诸葛也笑了，"很好。作为咱们这次会议的开场白，我先问二位一个简单的问题。在这段时间和大家的讨论中，我注意到工程师和个人贡献者们对高管层应该怎么做都有自己很强烈的看法。你们认为这是好事还是坏事？"

"这是好事，应该鼓励。"小马说。

"我同意。在一个组织里，这是一种健康的标志。有时候，我们觉得哪件事上司应该做，而且还需尽快。你们觉得为什么会这样呢？"

"因为我们觉得管理层什么都没做。"小马回答说。

"还因为我们看不到管理层都做了些什么。我们看不到成效时，就会想：这些家伙在干啥，为什么没有任何成效？"小宁回答说。

"不错，这完全说得过去。不管怎样，我希望咱们能畅所欲言讨论一小时左右。讨论之前，我们先问自己几个关于半导体行业的简单问题，好吗？"

然后诸葛掏出一支粗短的黑色记号笔，在白板上画了下面这幅示意图：

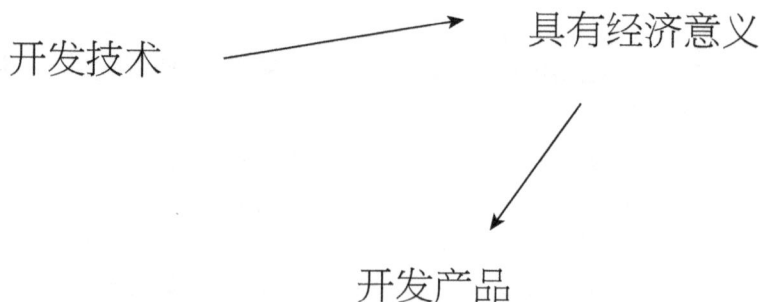

开发技术 → 具有经济意义

↓

开发产品

然后诸葛问："这幅示意图告诉了我们什么？"

小马和小宁看着图，脑子里浮现出同样的想法："很明显啊，不是吗？"

矛盾重重

"首先，这是一幅很简单的示意图。"诸葛说，"但请大家仔细看看，咱们一起思考一下。这幅图告诉我们技术和产品不是一回事。"

"第二阶段代表 ROI 吗？"小马好奇地问。

"ROI 是什么？"小宁问。

"投资回报率。"诸葛说，"咱们先别用任何新术语。不过你说的是对的，具有经济意义的意思就是对投资回报进行衡量。也就是要搞清楚生产这种产品是否能够带来收益。"

"这意味着你可能研发出了好的技术，但是在决定进行产品开发前，你得先从商业的角度看是否行得通。"小马说。

"完全正确。"诸葛说，"你们可以看出来，这幅图适用于所有行业，而不是仅仅局限于半导体芯片行业，对吧？"

然后诸葛问："你们明白销售收入和利润之间的区别，对吧？"

"也许您可以简单谈谈。"小马说。

"好。销售收入是你们的销售经理将芯片卖给客户时从客户那里得到的收入。但这并非利润。你得先减去生产芯片的总成本，剩下的才是利润。"

"也就是说，从商业角度考虑可行性意味着首先进行分析，确认可以从该芯片销售中获得足够的收入，对吗？"小宁问。

"对，还有一点，也是很重要的一点。利润不同于收入。从现在起我们不再谈收入，只谈利润。"诸葛说。

"这就是我们如何实现商业可行性吗？"小宁问。

"这三个阶段每个都代表着一个很大的主题。不过我们暂时简化一下。咱们可以将商业可行性理解为产品的毛利。"诸葛回答说。

然后他又在白板上写下了这个公式：

$$\text{芯片的市场价 ($)} = \frac{\text{芯片的总生产成本 ($)}}{(1 - \text{毛利率 \%})}$$

"你把公式写成这样很有意思。"小马评价道。

诸葛笑起来，"看来你注意到了。说说看，有意思在什么地方？"

"是这样，我一般是用成本和价格来计算毛利。"小马在诸葛的公式下写下了自己常用的公式：

$$毛利率\ \% = 1 - \frac{芯片成本\ (\$)}{芯片的市场价\ (\$)}$$

"我欣赏你的观察力。"诸葛说。

"这两个公式不是一样的吗？"小宁问。

"是，这两个公式表达的意思都一样。"诸葛回答说，"有人喜欢第一种表达形式，因为如果你从这个角度去看的话，你会发现自己思考问题的方式有一点微妙的变化。"

"怎么会这样呢？"

———

"我先问你们一个问题吧。"诸葛说，"这里有三个要素：芯片的市场价、生产成本和毛利。咱们以艾莫瑞公司为例，你们觉得这三个变量中，哪个艾莫瑞公司更容易控制？"

"嗯，我们的销售人员经常抱怨，说客户不断压价，所以我觉得价格我们似乎很难控制。"小马说。

"我也知道我们市场营销部的人一直尽力不断压低芯片成本。"小宁说。

"你们说的都对。"诸葛说，"你们的销售经理和其他芯片公司的销售人员没有什么不同。一般来说，芯片的市场价格取决于客户对价格的预期。"

"除非公司提供的产品确实独一无二，没有哪家公司能做得有我们好。"小马补充说。

"对极了。不过这个想法咱们暂时搁置一下，等下再回头来讨论。"诸葛回答小马说。

然后，诸葛走到办公室那头的桌子边，拿起计算器，快速地画了以下表格：

芯片总成本 ($)	平均售价 @35%毛利率	平均售价 @40%毛利率	平均售价 @45%毛利率	平均售价 @50%毛利率	平均售价 @55%毛利率	平均售价 @60%毛利率	平均售价 @65%毛利率
$3.000	$4.62	$5.00	$5.45	$6.00	$6.67	$7.50	$8.57
$2.817	$4.33	$4.69	$5.12	$5.63	$6.26	$7.04	$8.05
$2.728	$4.20	$4.55	$4.96	$5.46	$6.06	$6.82	$7.79
$2.668	$4.11	$4.45	$4.85	$5.34	$5.93	$6.67	$7.62
$2.765	$4.25	$4.61	$5.03	$5.53	$6.14	$6.91	$7.90
$2.699	$4.15	$4.50	$4.91	$5.40	$6.00	$6.75	$7.71

"大家看看这张范例表。请特别注意3.00美元的芯片成本那行。"

"好的，我看到了。"小宁说，"这就是说，如果我们不把芯片的成本降低到3美元以下，第一排显示的就是基于我们公司的产品毛利要求，我们该以什么样的市场价格来销售产品，对吗？"

"非常好，小宁。"诸葛夸奖说，"这张表中还有什么有意思的地方吗？"

"有。"小马说，"有些列的数据不太现实。"

"你想说什么？"诸葛微笑着问，其实心里非常清楚小马已经抓住了问题的实质。

"看到65%毛利那栏了吗？谁会出价8.57美元买这个芯片？这个价格根本不现实！"小马回答说。

"非常正确！"诸葛说，"这表里的有些价格你向客户报报试试，他们听都不要听。"

"也就是说，"小宁补充道，"如果公司希望产品利润率达到65%这是完全不可能的，对吗？"

"你这个看法相当深刻，很有价值！"诸葛说，"实际上，在艾莫瑞的细分市场上，只有某些价格点是可以实现的。"

"事实上，没有客户愿意支付5.5美元或者6美元以上的价格。"小马以前听销售经理谈起过三国公司给客户的报价，"而且就是这个价格，只要订单量超过25000或5万套，他们都会要求打折。"

"如果是这样的话，"诸葛一边这么说，一边拿起笔，在超过6美元的价格上画了一条线，然后又画了一个从右上角笔直指向左下角的箭头。

芯片总成本 ($)	平均售价@35%毛利率	平均售价@40%毛利率	平均售价@45%毛利率	平均售价@50%毛利率	平均售价@55%毛利率	平均售价@60%毛利率	平均售价@65%毛利率
$3.000	$4.62	$5.00	$5.45	$6.00	$6.67	$7.50	$8.57
$2.817	$4.33	$4.69	$5.12	$5.63	$6.26	$7.04	$8.05
$2.728	$4.20	$4.55	$4.96	$5.46	$6.06	$6.82	$7.79
$2.668	$4.11	$4.45	$4.85	$5.34	$5.93	$6.67	$7.62
$2.765	$4.25	$4.61	$5.03	$5.53	$6.14	$6.91	$7.90
$2.699	$4.15	$4.50	$4.91	$5.40	$6.00	$6.75	$7.71

芯片市场价

"这才是真实的价格表应有的样子。这条线右边的所有价格都是虚构的。现在这张表格告诉了我们什么？让我们用5.45美元作为截止价。"诸葛问道。

"这意味着如果我们想继续留在这个行业，就必须接受45%的产品利润。"

"还有别的什么吗？"诸葛问。

"我们还可以尽力降低芯片的总成本。"小马说，"如果芯片成本为2.728美元，就是第三排，我们还是以同样的价格出售，还是5.46美元（以前是5.45美元的价格，45%的利润率），但现在利润率变成了50%。"

"还可以双管齐下。"小宁插话说。

"也可以提高芯片本身的价值，这样客户愿意出更高的价钱。"

小马说。

"真聪明，你们从本表中得出的对艾莫瑞商业模式的这几个看法很深刻，也很重要。"诸葛放下笔，微笑着往后一靠。

这一发现似乎让诸葛难以停下自己的话头，"看到了吗？成本从3美元降到2.728美元，就是说成本降低9.1%，如果其他一切保持不变的话，我们的毛利可增长整整5%。

"假设艾莫瑞公司卖出了10万个芯片。营业收入和利润就是下面这样。"诸葛刷刷刷地在白板上写起来。

售出总数：100,000	芯片市场价（也称为 ASP，平均售价）：$5.50

每片芯片的生产总成本：$3.00

芯片 ASP x 售出总数 = 销售收入 =
$5.50 x 100,000 = $550,000

每片芯片的生产总成本 x 生产总数 = 生产总成本 =
100,000 x $3.00 = $300,000

总利润 = 销售收入 − 生产总成本 = $550,000 - $300,00 = $250,000

"也就是说，我们以销售的这10万片芯片为例，假设售价不变，所节省下来的9.1%的成本就全进入了我们自己的口袋，对吗？"小宁问。

"完全正确。你知道这能省多少吗？10万片就是30万美元减去27.3万美元，等于2万7千美元。"

"卖得越多，我们省下来的就越多。"小马发表自己的看法。

"没错，不过卖得越多，价格也会有下降趋势，但从总体来说，你的看法是对的。"

"当然，成本降低也是有一定限度的。"诸葛继续说，"这就意味着，在这张定价表里，你享有的自由度也是有限的。"

"为什么不能选择一个价格点，比如说第一排的4.62美元，然后打败竞争对手？"诸葛故意显得一脸无辜。

"可那样毛利才35%啊！"小马说。

"这意味着什么？"

"我们公司所有的运营成本都来自毛利。如果毛利这么低的话，这就意味着我们不能给员工合理的报酬，可能连将来出带的钱都付不起！"小马说。

"事实上，目前跨国芯片公司和中国本土的半导体公司之间就在进行这样的竞争。"诸葛评价说。

小马说："市场上参与竞争的中国半导体公司所定的价位在本表左下侧部分，而跨国芯片公司的价位却在右上侧。这就意味着跨国公司面临着巨大压力，迫使他们往左下侧走，这些公司一直在和这种压力做斗争。"

"你说的没错。"诸葛表示赞同。

诸葛再次把身子往前倾，翻动白板，回到了前一幅示意图。

"好，咱们回到最开始时的讨论话题。我来总结一下。一开始时，咱们谈到了技术和产品是两个不同的概念。是否应该利用技术来生产产品取决于这是否具有经济意义。而要知道是否具有经济意义，就必须像咱们刚才这样进行分析，搞清楚开发这个产品是否有利可图。我们审视了三个需要评估的关键要素，顺便说一下，这三个不是唯一重要的要素。这三个关键要素就是：成本、价格和产品毛利。"

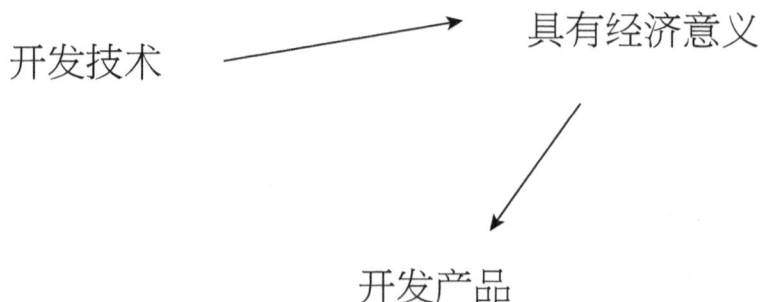

开发技术　　⟶　　具有经济意义

开发产品

矛盾重重

"当然，一个产品要想真正取得商业上的成功，还需要考虑很多别的因素，但从这三大要素进行考虑是一个良好的开端。"诸葛说。

　　诸葛觉得这次会议到这里就差不多该结束了。他召开这次只有市场部参加的特别会议的目的已经达到。还有几件事处理完后，他就该离开中国了。

　　"我此次中国之行卓有成效，这离不开两位的帮助，在这里我深表感谢。对艾莫瑞这样的芯片公司来说，市场营销是最为重要的团队，这就是为什么我决定再和你们碰一次头的原因。现在我的目的已经达到，我觉得自己已经了解到了很多信息。"诸葛用这些话结束了本次会议。

第三部分：
解决矛盾

第 16 章 ｜ 美国加州硅谷

三天后，诸葛返回美国，但没有去艾莫瑞办事处。

一周过去了。艾莫瑞美国办事处没人有诸葛的任何消息。

斯蒂夫已从中国同事口中了解到了诸葛和他们的谈话，知道诸葛已经返回美国。他迫切想知道诸葛对投资艾莫瑞的决定到底是什么。

又一个星期一到了，还是不见诸葛的影子。艾莫瑞美国办事处还是没人见过他。

那天下午，午饭后，斯蒂夫把头探进迈克尔的办公室，问："有罗伯特·莫尔的消息吗？他的决定是什么？"

迈克尔正全神贯注地盯着电脑屏幕，正在看什么文件，头都没回地说："没有。"斯蒂夫能够看到迈克尔表情非常严肃。

"嗯，不知道这是什么意思。"斯蒂夫边想边往自己的小隔间走去。然后他看到市场营销部经理戴维进了工程实验室。斯蒂夫停下脚步，转身跟上戴维。等戴维从实验室出来后，斯蒂夫快步向前，在走道上赶上了戴维。

"你有诸葛的消息吗？"

"我听说他回美国了。"戴维回答说，"但我还没见过他。"

"你觉得他是放弃艾莫瑞的投资计划了吗？"斯蒂夫问。

"难说。对我们公司来说，他确实是个好的人选，我们应该多请他帮帮忙。"戴维回答说，"不过你也知道这些大人物，他们主意都挺大的，我们只能希望他还对我们公司有兴趣。"

就在这时，他们听到前台附近传来熟悉的声音，似乎前台接待小姐在对谁说："很高兴再次见到您！……"戴维和斯蒂夫都转过同一个念头：那个熟悉的声音是诸葛。

戴维快步走到前台，用惊讶的声音说："您回来了！我们刚才还谈起您。"然后带着满脸热情的微笑握了握诸葛的手。诸葛和斯蒂夫还有戴维刚打完招呼，迈克尔也走了过来。

几分钟后，这四个人：诸葛、斯蒂夫、戴维、迈克尔一起坐到了会议室。戴维把门关上。

"各位，"诸葛先开口解答了盘旋在其他三个人脑海中的同一个问题，"前段时间我拜访了贵公司中国办事处，很有意思，花的时间比我预计的要长。但我很高兴在那里呆了几周。"

"中国之行对您要做的决定有帮助吗？"斯蒂夫急切地问。

"当然啦。"诸葛回答说。

"那么，"迈克尔微笑着问，"您做好决定了吗？"

"做好了。"诸葛说，"事实上，上周我和你们的首席执行官深谈了一次。我向他展示了我在艾莫瑞中美两个办事处了解到的一切。"

"啊，原来他上周在忙这个。"戴维想，"难怪没在办事处露面。"

"我也告诉了他我的建议。"诸葛继续，"现在我想和各位分享一下。"

"太好了！快告诉我们吧。"戴维有些迫不及待。一种淡淡的紧张情绪立刻笼罩在了他们三个心头。

"我强烈认为，艾莫瑞公司有足够的潜力，让我继续保持对贵公司的兴趣。"诸葛说，"但是公司要把这种潜力发挥出来，还有很多工作要做。好的一方面是，我觉得自己可以帮助艾莫瑞上到这一台阶。我给你们首席执行官的提议是，下面几周，我会继续呆在你们公司参与这些工作。他同意了。"

"太棒了。"斯蒂夫是真的希望能和诸葛有更多的互动，诸葛的这些话让他放心了。

"您能不能具体谈谈您会参与些什么？您在公司停留期间，我们会一起做些什么工作？"迈克尔问。

"我和大家详细谈谈我的想法吧。"接着，诸葛把自己的想法都和盘托出：

"我在艾莫瑞看到的情况是，我下面谈到的是我自己看到的情况，公司员工普遍有一种不满、失望、沮丧的情绪。矛盾脱节问题无处不在，几乎充斥了公司的各个角落。我去中国前和各位讨论时，曾经涉及到过其中一些。"他看向斯蒂夫和戴维，这两人也向他点头表示赞同。"中国之行让我看到了更多这种矛盾脱节现象。好的一方面是，这些问题都不难解决。就像任何地方任何公司遇到的任何组织结构的矛盾脱节问题一样，我们需要逐一直面这些问题，深入进行具体探索，然后解决方案就会浮现出来。"

"太好了！"迈克尔的热情又被鼓动起来，"您已经得到了我们首席执行官的支持，我们也做好准备，尽全力自救。"

戴维和斯蒂夫也立刻表示支持。

"每周四美国时间下午5点，我想召集中国和美国办事处的重要管理人员开一次视频会议。每次会议上，我们都会对几个具体的矛盾问题进行详细讨论。然后大家一起为每种矛盾找出解决方案。我希望你们向我保证，每次会后，大家返回日常工作时，要全心全力将我们学到的经验教训落实到中美两个办事处的工作中。然后第二周咱们再坐到一起，进行进一步讨论，一直到我在艾莫瑞公司发现的所有主要矛盾脱节问题都讨论完毕为止。各位觉得怎么样，能一起齐心合力吗？"诸葛问。

"我能看出来，您真是花了很多时间和精力在这个问题上。"迈克尔回答说，"没问题，我觉得这个主意很棒。咱们开干吧！"

"是啊，我还准备花钱呢。"诸葛微笑着说，"不过那得等到咱们的会议结束以后了。"

诸葛的提议明显让斯蒂夫和戴维大为兴奋。

戴维似乎一直在等待着有人能承担起这一角色，他对诸葛说："诸葛，首先，我想说，这些对我们公司将大有帮助。我现在就能看出来。非常非常感谢您主动当这个领头羊。"

斯蒂夫的想法和戴维差不多。他问诸葛："这些会议将持续多长时间？"

"这将是我对艾莫瑞公司进行评估和帮助的最后一个阶段。根据计划，我估计大概要花半个季度，也就是六周左右。"

"看起来他确实是认真的。"三个人都这么想。

"嗯，我们什么时候开始？您需要些什么？"迈克尔问。

"还等什么呢，就从这周四开始吧。"诸葛回答说，"我只需要各位向全公司宣布这一消息。这些会议都是公开的，谁都可以参加。不过我心里已经有了几位必须与会的人选：美国这边，除了你们三位以外，我还需要其他几个人到会。我需要我在中国期间曾交谈过的所有管理人员与会。这些白板就够了，我不需要投影仪。只要中方人员能够通过电话会议摄像头看清楚这些白板就行。我们会准时开会，准时散会。"

"在这些会议中，您期望我们做些什么？"戴维问。

诸葛用满含笑意的眼睛看着戴维。"我的要求不多。"他回答说，"放开思想，还有就是我先前谈到过的，会议结束后，希望大家立刻在各自团队里贯彻我们会上通过的解决方案。这就是我对大家的期望。我们没有时间可以浪费。"

"没问题！现在我们有了前进的方向！"所有人都微笑起来。

几分钟后，会谈结束，他们对诸葛说："周四会上见！"

矛盾重重

第一次会议

矛盾1:

美方主管人员要求中方团队保持专注，但同时又忽略中国主管的权威，造成工作中断

星期四到了。

诸葛在快到五点时提前了几分钟进入会议室。会议室里已经是一片交头接耳之声。北京那边与会人员的声音从音频设备中传来，带着低沉的回音。美方人员刚结束了一天的工作，以放松的姿态坐在会议桌前。

诸葛和大家打过招呼后，开始发言。

"各位想必对我都已经很熟悉了。首先，我想说，我们已经取得了相当重要的成果。我是指和各位的交流讨论。这些交流讨论实际上是公司现有各种矛盾的公开展示……"

说到这里，诸葛忽然停了下来。片刻之后，他微笑了一下，继续说："我这次去中国访问，在和中国同事交谈时，我学到了非常基本的一课。"

每个人都好奇地看着他，心里疑惑："他究竟学到了什么？"

"我学到了，在和那些母语不是英语的人交流时，应该说慢一点，清楚一点。我说话很快，如果我和各位交流时说话也像在家里那么快，恐怕就不好了。所以我会放慢语速，尽量把话说清楚。我在中国时，尤其会注意这点。"

上面这段话诸葛说得比较慢，每个词都发得很清楚，但同时也不给别人居高临下的感觉。

北京会议室里的与会人员听出了诸葛说话风格的变化，脸上都绽开了灿烂的笑容，他们互相对视了一下，似乎在说："这个人不错！"

美国办事处内围绕在诸葛身边的人也笑起来。他们中有几个人已经想到，诸葛已经在向他们展示如何更好地沟通交流。

诸葛继续用他缓慢、清晰的全新噪音讲话。

"大家知道，找出这些矛盾问题非常重要，特别是在我们这样的中美跨国公司里。不过，我敢说，这不是中美跨国公司的特有问题，所有这些矛盾现象在任何公司里都存在，只是程度轻重不同而已。事实上，我在复习自己笔记时意识到，并非所有的矛盾都和中美办事处之间的差异有关。有些是本地办事处特有的，有的是和中美之间的差异相关的，最后还有一些是适用于整个艾莫瑞公司的。"

"我想解决的第一个矛盾是：在艾莫瑞公司，同一个问题，美方却有很多人试图插手解决，同时忽略了中方主管的存在。"

艾莫瑞中国办事处的应用工程师沃特也参与了本次会议，此刻正坐在北京的会议室里。这个问题是他首先向诸葛指出的。沃特当时表示说，他觉得之所以艾莫瑞中方员工没有努力工作的动力，这个矛盾是主要原因所在。

沃特一般认真听着，一边记笔记。诸葛看了看自己身边的人一眼，然后继续发言。

"美国和中国双方都有这一印象。中国办事处那边的印象是，为什么会这样呢，原因之一是因为美方主管认为，或者说他们在潜意识里认为，他们在遥控管理着整个中国团队。"

"怎么会这样呢？"斯蒂夫问。从他的声音里听不出防备，他是真心想搞清楚这个问题。

"我在中国时，曾旁听过几个和美国团队的视频会议。在这几次中美联合会议中，美方主管倾向于给中方每位人员指派任务，完全忽视了中国本土团队的负责人。美方主管可能没有意识到自己忽略了应该将指派任务的权力交给中国团队中的中方本土负责人。这会造成混乱。事实上，这种做法造成了冲突，给人一种负面印象，让人觉得美国主管缺乏对中国本土团队主管权力的尊重。"

"您的意思是不是说，美方主管这么做，是将中方的每位员工都变成了任务负责人。"美国工程部的亚历克斯说，"我的理解对吗？"

"在这个例子中，有两点需要注意。第一点是刚才亚历克斯谈到的。第二点就是，这样做会给人这样的印象，让人觉得没有负责人，因为每个人都变成了负责人。"诸葛回答说。

"很有道理，诸葛。"北京办事处的弗兰克说，"这种情况下，中方主管应该怎么做？"

"以身作则。"诸葛回答说，"也就是说，如果你是中方主管，那么在中美会议上，就不要坐那里不吱声。要彻底了解当前局势的具体情况，清楚表达出你自己的喜好，通过这样掌控好你自己的团队。"

听到诸葛的这些话，美方几位与会人员脸上浮起了笑容。他们对中国同事也有同样的感觉，现在诸葛把他们的感觉明确说了出来，但是是用一种建设性的方式。斯蒂夫微笑着向屏幕那边的弗兰克竖起了大拇指，对他提出的好问题表示赞许。

"如果你表现出对局势的把控力，"诸葛继续对着屏幕那边的中方主管说，"与会的美方主管就会听你的。但如果你在会上保持沉默，美方主管就会直接给你的团队成员指派任务。他们很可能会忽略你的存在，认为只有直接向你手下分派任务才可能让大家完成工作。出现这种情况，并不是说美方主管做错了什么。不管在哪里，任何会议都会出现这种倾向：如果负责人不说话，那么事情就会偏离原来的方向，大家都在说，结果就是大家都迷失了重点，无法专注。"

"美方主管也该从中汲取教训。"迈克尔说。

"对。"诸葛继续发言，"如果你是美方主管，你需要抵制住诱惑，不让自己充当整个中国团队的头头。如果你希望中国团队完成某些任务，那就通过中国的本土主管来进行。避免直接将任务分派给中方团队成员，除非中国本土主管明确表示同意，或者暗示你可以这么做。"

诸葛总结道："在小组会议中，请务必，务必保证对中国本土主管的尊重，维护他们的尊严。当然，在座各位都明白这点。但我还是要再次提醒大家，一定要注意人际交流和互动中这些最基本的方面，因为有时我们会忘记。"

矛盾2：

同一家公司，但其中国办事处和美国办事处的奖励制度却不一致

"现在咱们来看看另一个新的矛盾问题。"

"我在和公司员工交流时，你们有几位中国同事表示，在中国办事处奖励制度基本上就不存在，对此他们有些想法。"诸葛停顿了片刻，"这里的矛盾之处就在于这和美国办事处的规程不一致。"

"我知道你们有人可能会认为，这只是人力资源部的问题。"诸葛继续侃侃而谈，"但是，现在在这间屋子里的人，要不就是主管人员，要为自己的团队成员负责，要不就是未来有一天可能成为主管。所以，这和你们每个人都息息相关。"

中方人力资源经理朱莉和美方人力资源经理格蕾丝都在场，她们通过视频镜头互相交换了一下眼色，有点不好意思地微笑了一下。

诸葛继续发言。

"之所以会出现这种情况，可能是因为在有些中方人力资源主管心里，有一种普遍的看法，认为中国员工太过关注奖励，而不是把心思放在让绩效说话上。"

中国工程部主管弗兰克说："这种看法可能有一定的道理。比如说，我在为我的团队面试工程师时，应聘人员都会很认真地问起奖励问题。有时候给人的感觉是问得太多了。"

诸葛接着说："大公司里，一般会有一个功能齐备的人力资源部，一视同仁地密切跟踪中美双方员工的满意度。但在中小型公司里，到目前为止，这种一视同仁的员工满意度跟踪流程还没有得到应有的重视。不过，既然我们现在已经发现了这个问题，那么我们艾莫瑞就能够做得更好一些。"

朱莉说："这个话题对我来说很重要。格蕾丝和我多次谈起过这个问题。我的观点是，中方这边，不应该让中方人力资源经理单独来作出奖励决定，这样不太明智。作为中方主管人员，各位必须关心自己手下员工的满意度。没人比你们更了解自己手下员工的表现。这点你们手下的员工也很清楚。将他们打发到人力资源部来，让我们做出

奖励决定只会让他们困惑不满。"

格蕾丝点头表示完全赞同。

诸葛也表示赞同："这点提得非常好。我建议公司采取一项新政策。从今天开始，每个季度相关主管都必须选出表现最好的团队成员，在公司会议上公开表彰奖励他们，而不是在你自己的办公室里悄悄进行。"

格蕾丝补充说："当然各位需要和人力资源部合作，这点毫无疑问。但是团队主管必须首先做出决定，然后我和朱莉可以用妥当的方式来执行该决定。"

有人窃窃私语，表示支持。

"此外，"诸葛继续说，"我还想补充一点，这点是特别针对美方主管人员的。你们过去可能不愿意和中方主管讨论这个问题，认为强调某个个人的表现，对其进行奖励是不符合中国文化的。现在就请打消这个想法。这是胡说。你们每周或每月与中方相应部门的主管召开定期例会时，请把这个问题放到标准日程上来公开讨论。不管是中国团队还是美国团队，让你们的团队成员高兴，这是你们和中方主管人员共同的职责。一定要告诉中方相应部门的主管人员，本季度哪些人表现最好。这样，这种习惯与文化才能在公司里建立起来。"

矛盾3：

中国和美国团队工作都同样努力，但是中国团队的工作却没有得到重视

"好。现在我想讨论一下今天的最后一个矛盾问题。"

说到这里，诸葛站了起来，走到旁边的桌子边，给自己倒了一杯水，然后接着说：

"这个矛盾是：在各位的中国同事心里，有一种强烈的感觉，觉得美国团队不重视他们的工作。"

听到这个话，所有与会人员的情绪都低沉了下去。北京办事处的与会人员面无表情地盯着视频摄像头，诸葛身边美方办事处的人员则在座位上轻轻地挪来挪去，这种肢体语言表示，这个话题让他们觉得不自在。

不自然的一刻过去后，他们开始专注地听着诸葛发言。

"有的矛盾问题，只要我们所有人都认识到了，我们就能往前跃进一大步。这就是其中一种。不过这个矛盾非常难发现，尤其是在中美跨国公司里。原因我们应该能猜到。"

亚历克斯立刻笑着回答说："因为讨论这个问题有点不好开口，工程人员不想讨论这个问题。"

诸葛也笑了，"对，亚历克斯，你说得没错。"亚历克斯的话还逗得其他一两个人也笑了起来。

"我们知道，要解决这个矛盾，有一定的实际困难。这个矛盾和中美的地理距离有很大关系。我们不在同一个地方工作，这是事实。此外，还有日夜颠倒的时差问题。在和公司人员讨论中，我还认识到，同样是这些原因让各位难以发现这一矛盾问题。也就是说，这个问题往往被大家忽视了。"

中方应用工程团队主管沃特要求发言。"我认为中国工程师经常有这种感觉是因为，在我看来，是因为他们只想用工作来说话，自己却不说。但在美国，工程师有个共同的习惯，就是他们愿意说。因

此，能认可中方工程师工作的美方人员并不多。"

美方工程师斯蒂夫微笑着说："是这样的。如果美方人员不知道中方人员做了什么样的努力，如何努力工作，要让他们认可中方人员的工作自然会比较困难。"

"那么我们该怎么做呢？"亚历克斯注视着诸葛问。

"答案就是正视这个问题。"诸葛微笑着说，"我们必须刻意采取一些手段来克服这个问题。我对中美双方的主管都有一个建议。中国主管，我的建议是：你们要让美方知道，中国团队在某个特定情况下是如何辛勤工作的，这点至关重要。我不是说你们应该自吹自擂。我们应该将这个问题看作是信息与沟通的问题。因为美方员工不在中国，没法亲自看到你们的努力，作为主管，你们必须要非常专业地完成与美方沟通交流的任务。"

中方与会人员大力点头，表示他们愿意听从诸葛的建议。他们给人的感觉好像是终于得到许可，可以做很久以来就想做的事了。

然后诸葛转向美方说："我对美方的建议是：不要只是消极地接受中方提供的信息，你们也得积极行动起来，缩小这个矛盾造成的鸿沟。比如说，你们可以在小组会议上，用具体的语言来对中方的辛劳表示认可。记住在会议结束的时候，找个时间，或者在适当的时候，对中方的团队工作表示认可和赞赏。不过，"说到这里，诸葛停顿了一下，"只是那么简简单单说一句'你们干得挺努力'，这是不够的。得言之有物，说出你们具体在哪些方面非常认可并欣赏中方的辛勤工作。这要花点功夫。"

诸葛停下来，坐到椅子上，把背往后一靠。"今天就到这里吧。这次会议我们讨论的也够了。请记住各位的承诺，从现在起到下次会议期间，各位要共同努力实施今天提到的三个补救措施。我就仰仗各位了！"

大家都笑起来，重新保证一番，会议随之结束。

矛盾重重

第二次会议

矛盾4：

中国办事处希望参与核心产品研发，但却多次将机密的未来产品文件泄露给竞争对手

"今天我们的讨论重点是文件问题。"诸葛开门见山地开始了第二次周四会议。"我知道这是艾莫瑞中美办事处之间的敏感问题。事实上，在文件这个大的话题下，有几个独立的矛盾问题。"

"我先说一下今天会议要讨论的第一个矛盾。艾莫瑞公司存在这样一个问题：中国办事处未经授权便擅自传播机密文件。"诸葛说到这里，略微停顿了一下。

"这个问题很严重，也很敏感。"美国工程部经理迈克尔说。

"嗯，今天咱们就作为一个团队，开诚布公地对这个问题进行讨论，希望大家畅所欲言。中国团队，可以吗？"

北京办事处的与会人员，包括通过视频会议大屏幕可以看到的沃特和弗兰克，都点头表示赞成。

"不管中方团队高不高兴，但美国这边确实非常担心公司机密文件送到中国后，最后总会到达竞争对手的邮箱。"诸葛说，"竞争对手往往会抄袭你们公司文件的风格、内容，甚至再严重一点，抄袭你们集成电路的先进功能。"

"我们公司自己的销售经理也常常将竞争对手的机密文件传给我们公司的人员。"沃特笑得有些牵强，"这是双向的。"

"我想问一个很基本的问题。"美方的软件工程师艾瑞克说，"首先，即使我们能够获得竞争对手的高级产品信息，我们也要绝对保证我们的高级产品信息不会泄露出去，这点大家同意吗？"

"我们当然同意。"弗兰克说。美方和中方也都有几个人附和。

"很好。现在我们达成了一个基本共识，对我刚才提出的问题大家都表示认同。"诸葛说，"这一矛盾和我们将要讨论的其他所有矛盾一样，都有两面，一面是中国，一面是美国。我先来谈谈中国这边。"

诸葛飞快地瞄了摄像镜头那边的中方人员一眼，想知道是否每个人都在认真听他讲话。看到的情况让他满意，于是诸葛继续说：

"作为中方本土主管，你可能会觉得'我们中国这里就是这样的，我们无力改变。'这种态度很可能无法赢得美国这边的尊重。如果你的态度是'中国这里就是这样的'，你传递出的信息就是'我们只是一家中国公司'，你根本不太关心公司的保密问题。假设在艾莫瑞大家没有这种心态，在这个前提下，我的建议如下。

"在公司里贯彻执行这样一项政策：所有流出公司的文件都必须为 PDF 格式，必须打上公司名水印，还必须有密码保护。中方人员请与美方主管和公司里的 IT 部门合作，找出贯彻执行这一政策的技术解决方案。"

"这样做会不会影响到我们为客户提供文件呢？"斯蒂夫问。在座各位都知道这对诸葛而言根本不是什么问题，斯蒂夫只是在大声自言自语而已。

"也许你们不能完全按照我建议的去做。"诸葛说，"但这是一个开端，可以为艾莫瑞制定一个正确的基调，现在艾莫瑞迫切需要这个。这能传递出一个信息，那就是大家都在非常认真地对待这个问题。同时，在中国办事处的季度例会或每月例会上，要不断宣传这一政策，积极鼓励这一政策。同时，还要积极劝阻他人，不要未经授权擅自将公司机密文件泄露给外部人员。"

———

"现在我来谈谈美国这边。"诸葛看着他身边的美方办事处人员，"针对这一矛盾，美方主管的错误反应是禁止或者大力限制将重要产品文件及时与中国团队分享。"

很明显，诸葛知道美方团队限制中方团队接触重要文件。而中方人员在与诸葛讨论时，都直言不讳地告诉诸葛美方团队如何不愿意与中方团队分享高级技术文件。

"这种限制只会削弱中方技术执行团队的能力。"诸葛说。

"但是我们还是担心竞争对手会看到我们的高级文件，这怎么办？刚才大家都同意这种现象确实存在而且应该避免，对吧？"斯蒂夫说，"我们怎么才能既保证 PDF 文件的安全，又能解决这个问题？"

沃特举起手，略微思索片刻后说："美方的顾虑我理解。但我还是想谈一点。到目前为止，我看到的情况就是，在给我们提供文件时，美方团队会一再拖延，一直到拖无可拖时才不得不把文件给我们。但这时候已经太晚了。很可能正是这种拖延给我们枫叶公司的项目造成了负面影响。这甚至可能是我们枫叶公司设计案失利的原因所在。所以我们必须一起努力，找出解决方案。"

提到枫叶公司，讨论立刻沉重起来。艾莫瑞公司的每位员工对这个重大的设计项目失利还记忆犹新。

"当然，这个问题不是简简单单说美国团队应该同意作为一个整体来合作，坚持与中方团队共享所有高级产品信息就可以了。"诸葛对斯蒂夫说，"如果高级产品文件真有很大可能泄露给中国的竞争对手，那确实意味着整个艾莫瑞公司的市场地位很有可能会陷入危险之中。显然这是我们所不能接受的。"

大家对诸葛的观点表示赞同。

诸葛接着说："我建议大家试试这种办法。在中国成立一支关键技术主管核心团队，将高级产品文件的访问权限制在这少数几个人中间。不过在你们贯彻这一政策前，得召集这支核心小团队开会，解释清楚为什么要进行这种限制。在会上，要听取他们的意见与顾虑，保持开放的心态，根据他们的建议对计划进行修改。"

"我们可以试试看。"迈克尔说，"至少我们对这个问题进行了建设性的正面讨论，所以我认为我们已经取得了好的进步，伙计们，振作起来！"

迈克尔继续说："大家知道，这是一个很微妙的问题。一口咬定绝对不能和中国团队共享高级产品文件肯定会扼杀公司的执行效率。这点大家都清楚。所有研发工程师都知道，要完成某一任务，手里必须要有完成该任务的设计规格文件。"

北京办事处的弗兰克说："普遍原则应该是这样：如果要让中国团队负责项目的某部分，那就得把中国团队当成项目的平等成员来对待，必须和他们共享相关高级文件。美方如果觉得有风险，那么要么不要把任务派给中国团队，要么重新设定任务，最小化风险，然后将

矛盾重重

重新设定的任务相关高级文件提供给中方团队。美方团队不能够既将任务派给中国团队，又坚持不共享高级文件。可没有这样的好事儿。这样做只会给项目造成伤害。"

"弗兰克，我同意你的观点。"迈克尔说，"事实上，除了诸葛的建议外，我还想补充一点：咱们应该召开一系列中美设计回顾视频会议。美方团队将就技术细节问题向中方团队作出详细解释。接下来我们还会与中方团队共享一份简化文件。美国团队将采取这种形式与中国团队合作，而非采取极端做法，完全不与中国团队分享任何信息。要不咱们试试看吧。"

大家都点头同意。

矛盾5:

中国团队说英语对他们不是问题，可他们提供的文件质量差这个问题却一直存在

"那就这么办，迈克尔，谢谢。"诸葛说，"现在进入今天要讨论的第二个矛盾。这个矛盾也和文件有关。"

诸葛是这样表达这个矛盾的："艾莫瑞美国工程团队提出了一个问题，说中国销售支持团队没有正确用文件对问题描述进行记录。不管是对客户问题的描述，还是关于产品特色功能要求方面的描述。美国团队认为，中国团队给出的描述往往都不够充分，难以理解。"

自己手下对这个问题的抱怨一直让迈克尔非常恼火，于是他往前倾了倾身子说："把问题解释清楚这种能力是公司执行力的支柱。不过，我们首先要认识到，任何一种写作能力都不容易掌握。但我们肯定也没指望写作技巧多么高超。我只是觉得咱们公司需要提高问题描述的质量。"

诸葛问北京办事处的与会人员："弗兰克、沃特，还有其他人，你们是怎么想的？你们认为这是英语语言能力的问题吗？我们是否应该考虑开设英语培训课？"

沃特和弗兰克立刻摇头，表示这不是英语的问题。然后沃特说："不，不是。英语写作对我们中国办事处的员工来说不是问题。"

"那么，问题出在什么地方？"艾瑞克问。

"嗯，这个问题我和你们的几位中国同事谈过。"诸葛说，"我们与其费工夫去搞清楚为什么不能把问题描述清楚，不如将精力集中在如何帮助改进这一问题上。我有下面一个提议，大家可以试试。"

"有一个办法不错。"诸葛继续对中方人员说，"不要只是吩咐相关负责人去起草文件，说'写好后拿回来给我'，然后就不管了。应该这么做：首先，和清楚这个问题的人简单聊聊。在聊的过程中，记录下对关键要点的描述用词。然后让负责起草文件的人员根据你的记录准备初稿。最后，在将文件送给美国团队前，中方主管人员应该

先检查一遍。这样两三次后，相关人员的文件起草能力就会有明显提高。"

"这个办法应该有用。"艾瑞克说，"事实上，我们美国这边也可以采取下面的办法。刚才诸葛在提建议的时候，我也同时在想，如果准备一个带有范例的文件模板可能也会有效。我知道，即便对经验非常丰富的写作者来说，最大的问题也是'开头难'。所以我毛遂自荐。我来为我们希望中国团队撰写的几种重要文件类型准备一份模板，并附上一个例子作为示范。然后中方团队就按照模板中的格式来写。我相信照着这样做几次之后，文件质量会有很大提高。"

"好了，问题解决了。"诸葛笑得合不拢嘴，"我很喜欢艾瑞克的建议。"

沃特和弗兰克似乎已经准备好接受这些建议了，他们同意遵照建议的步骤进行尝试。

矛盾6：

中方办事处一方面说他们尊重美方的管理流程，但同时中方的高层管理人员又经常不经讨论便擅自改变工作优先重点，给流程造成干扰

"还有一个相关的矛盾现象我想现在提出来大家探讨探讨。"诸葛说，"就我们目前的级别，这个问题现在还没法完全解决。但我还是想现在提出来，因为各位在缓和这个矛盾上可以发挥核心作用。"

诸葛的这番话调动起了会议室和显示屏上所有与会人员的注意力。

"我直说了吧。毫无疑问，在座各位都知道流程的重要性，但是在艾莫瑞公司，实际发挥作用的流程根本就没有。我确实注意到，有少数几个人在发现问题时，试图建立起有效的流程，但总的来说，艾莫瑞公司是没有流程的。不管大家信不信，我认为干扰流程有效运行的是你们的高层管理人员。"

有几个人互相交换了一下眼色，似乎很高兴诸葛这样批评高层管理人员。但是他们都注意克制住自己的笑意。

"我今天要讨论的下一个矛盾是：高层管理忽然改变公司流程带来的破坏性影响。"

"我之所以在这次会议上提出这个问题，是因为我觉得大家应该对此有所意识。"诸葛继续说，"我注意到艾莫瑞的高层管理人员有时喜欢空降到会上，打机关枪似地发布命令，临时进行一些更改，让所有人都照他说的来，然后就走了，让中层管理人员和个人贡献者摸不着头脑。"

"这种情况我们都遇到过。"斯蒂夫对迈克尔笑笑，然后又和弗兰克交换了一下眼色。

"我想说的是，抵制这种做法没什么不对。"诸葛说，"你们自己的上级领导有时候会这么干，大家要认识到这点。"

"嗯，"这是梅首次在周四讨论会上发言，"如果高层管理人员想插手做决定，或者更改已经做的决定，我们怎么能反对？"

"这种情况下，我希望你们问一个问题：你们所了解的相关信息，高级管理层是否全都了解？如果你认为他们了解的不如你们多，因为每天和这些问题打交道的是你们，你们更贴近问题的实质，那么，你们就有责任给他们提供信息。所以，如果你们看到高级管理层在没有完全了解问题的情况下作出决定，你们就需要采取行动。"

很多人脸上出现不情愿、不确定的表情。诸葛明白，他们是真的不知道如何是好。

诸葛决定继续给大家进行进一步解释。

"我来讲讲我认为在公司里该怎么为人处世。我们正在讨论流程问题，对吧？流程无非就是要求公司员工调整自己以取得良好效果的明确行为规范。对吗？"

所有人都点头表示同意。

"只有员工全心全意愿意遵守流程，这种明确的行为规范才能坚持下去。对吧？"诸葛说，"一般而言，人的意愿是决定流程成败的关键所在。

"因为员工的意愿决定了公司流程的成败，所以贯彻流程最有效的方式是从上到下。在中国，员工们对流程有没有高层领导支持这一问题非常敏感。绝大多数情况下，公司人员没有调整自己以适应流程，其原因都可以归结到高级管理层，不管是中国公司还是美国公司都是如此。高管层要么对流程毫不在乎，要么就是表现得好像他们是凌驾于流程之上，不必遵守流程，（似乎流程只是为普通员工而设的）；最糟糕的情况是，他们经常会随心所欲地跳过流程，以此来树立自己的权威。

"所以，现在咱们来谈谈如何解决这一问题。

"美国这边，你们可以采取一些具体措施来帮助中国团队。在我看来，以下三个重要方面可以推动中国团队更好地接受流程。"

然后诸葛开始逐一列举：

- 适用于美国的流程未必适用于中国办事处。事实上，在多数情况下，如果不根据中国的具体情况对流程进行修改是行不通的。

- 需要一本流程手册。手册必须是正规文件形式。首先，必须公开且非常清楚地就流程的每个步骤与中国团队进行认真讨论，对流程进行调整以适应中国的具体情况。然后在手册中清楚明白地记录下所有假定条件。

- 最后，每个季度都必须与中国团队一起对流程进行审查回顾，以及时更新流程。最后一步非常重要，因为中国的情况日新月异，市场在变，客户代表在变，市场要求变得更为严格，因此，艾莫瑞公司的流程也必须迅速调整以适应这些变化。

"就中国方面来说，不幸的是，情况有点复杂。作为中方主管，即便你想坚持让中方高层管理人员遵守流程，你所处的位置也决定了你不能那么做，因为作为中国的本地员工，你还得同样遵守中国高管文化的潜规则。"诸葛微笑着说。

会议室里所有人，尤其是来自北京办事处的人员，都大笑起来。从他们的笑声中，我们知道他们都认为诸葛的话一语中的。

"所以对你们来说，最好的办法就是和你们的团队合作。"诸葛说，"在美国主管的帮助下，让你们手下的团队认真遵守流程。这样，你们中方的高层管理人员很快就会看到遵守流程带来的好处。在我想出更好的办法来之前，恐怕就只能给你们这些建议了。"

话说到这里，会议也就随之结束。

矛盾重重

第三次会议

矛盾7:

艾莫瑞自称为国际公司，但美国团队却不重视中国团队

又一个周四到了。大家到齐后，诸葛开始发言。

"今天我想提出来讨论的矛盾问题涉及范围更广，在整个艾莫瑞公司都普遍存在。它适用于公司每个人，也会给公司每个人造成影响。事实上，这一矛盾直接关系到公司文化的核心。我这样来描述吧：中国团队普遍感觉美国团队没有给他们应有的重视。"

会议室里忽然安静下来。美国办事处里有几个人有些坐立不安。而北京会议室里的与会人员表情立刻变得不自然起来。显然他们没有料到诸葛会提起这个话题。不过大家都很好奇接下来会发生什么。

美国工程队的斯蒂夫首先开口发言。

"迟早总会有人提出这个问题，反正我们都得面对，都得对其进行讨论，不如现在就开始。"

斯蒂夫的话打破了僵局。美国这边开始有人微笑，表示赞同。中国团队成员那边也松了一口气，不过他们仍然有些紧张。

诸葛重拾话头："我知道这样的矛盾问题，还有我们前面讨论过的关于不重视中国团队努力的问题，一开始都会让人觉得不舒服。不过请大家相信我，一旦我们开始开诚布公地进行讨论，大家的感觉就会好得多。我们艾莫瑞的员工必须勇敢面对，一起来探讨这些问题。"

"我们没问题，可以讨论。"亚历克斯说，"开始吧。"

"好。这个矛盾在艾莫瑞公司的表现有几种形式。我和员工聊天时，有人说，'美国团队不在乎中国团队的会议'，有人说，'中国团队给美国团队反馈时，美国团队总是有些戒备'，还有人说，'中国团队的意见，美国团队根本听不进去'，所有这些不同的说法，表达的都是同样的顾虑，同样的感受。"

诸葛继续道："在本次会议上，我想谈谈给贵公司中国办事处带来这种感觉的具体矛盾所在。"

"这会很有帮助，诸葛。"迈克尔觉得自己对这个问题负有不可推卸的责任。

诸葛从椅子上站起来，走到白板边。在本次会议后面的时间里，在讨论下列矛盾问题期间，他一直没有离开过白板。

矛盾8:

美国办事处希望能进入中国市场，但是却不愿意与中国办事处的员工分享公司计划

　　"给你们的中国团队造成这一不良感觉的第一个矛盾脱节问题是：中国团队往往不知道艾莫瑞公司的总体目标是什么。"

　　"您是指公司的销售目标吗？"戴维问。

　　"也包括销售目标。不过我知道那是公司高管团队的权限范围。我会单独和他们谈。我现在谈的是公司关于产品、市场和日程计划的具体目标。"诸葛回答说，"我发现中国团队对公司的大局没有了解。他们需要了解，因为运营、销售、市场营销和客户都在中国。了解产品计划的详细信息对他们来说至关重要。"

　　戴维欲言又止。很久以来，他一直怀疑在和中国团队的交流过程中有着很大的问题，诸葛刚才的话再次证实了这点。本来他想谈谈这点，但犹豫了一下，还是没有开口，而是一边留心着会议的进展，一边进行反思。

　　诸葛的声音变得激动起来。

　　"这个矛盾是艾莫瑞员工和我谈得最多的问题。大家很容易忽略这个问题，认为它和其他的客户问题、产品问题比起来不那么重要。但是，如果员工觉得自己对公司未来的方向一无所知，公司就会慢慢被腐蚀掉。这种腐蚀表现为不作为、缺乏动力。这一问题对中美员工的影响都是一样的。但是，中国员工更容易受到影响，因为他们认为美国员工了解的情况比他们自己多。这可不行。"

　　接下来，诸葛开始就如何克服这一矛盾问题给出了自己的建议。

　　"我有一个具体可行的办法，可以让你们不再进一步陷入这个问题中。你们可以这么做：在公司召开两个不同级别的沟通交流会。中美双方应齐心协力共同将这个计划变成现实。

　　·第一个解决方案在公司里很常见。召开季度例会，由公司高层领导向全公司讲话。季度会议互动性越强，就越能达到会议目的。这是第一种会议，一小时就够了。你们应该选几个人向高

管层提出这一要求。我也会单独和他们谈谈。

· 第二个办法在座各位都可以立刻行动起来。每月召开一次会议，在座各位都要参加。会上，高层管理人员每人只能占用十分钟（最多两张幻灯片）的时间，轮流向公司员工报告自己所做的工作和取得的成绩。这是第二种会议，会上员工有机会和部门同事以及其他部门的对应人员自由交谈。

　　"我们这么做的目的很明确，就是从根源上杜绝这些矛盾问题。"诸葛继续说，"艾莫瑞这样的中美跨国公司的局限是，位于一个国家的员工会觉得和另一个国家的员工很疏远。所以，我还建议美方主管人员努力想一些有创意的办法，抓住一切机会尽力缩小这一差距。利用公司内部网、实时通讯工具等，从一点一滴做起，最后会见到成效。"

矛盾9：

美国办事处想把产品销售给中国客户，但是却又不肯认真对待中国客户的反馈意见

"我想提出来讨论的下一个矛盾问题是：不知道为什么，中国办事处提出的任何反馈意见，美国办事处都不肯认真对待。"诸葛稍微停顿了一下后才接着说：

"在美国团队心里，对中国客户一直有个刻板印象，那就是认为中国客户满足于'低质量'产品，因此对他们不必太认真。这样就造成了我刚才提到的那个矛盾问题。不过让我吃惊的是，这种问题居然出现在艾莫瑞公司里。"

"事实上，"北京办事处销售总监露西说，"在我们艾莫瑞公司，没人会把这个话说出来，但是到要做决定时，日本客户得到的待遇往往比中国客户要好。"

坐在露西身边的文森特把身子微微向前倾了倾，开始发表自己的看法：

"也许美国办事处一直有这样的印象，认为中国产品价格低就意味着质量差。没错，中国制造的高科技产品中，确实有一些质量不太好，这是事实。但是，我们公司应该力争成为中美跨国企业的优秀典范，如果我们让别人对我们公司的运营执行形成这样的看法，这会给公司的成功造成阻碍。中国商品便宜不应该意味着可以给中国客户提供低质量的客户服务。很多情况下，中国产品质量低下不是因为中国产品生产者无能，而是他们有意推出的产品战略。"

"嗯，我想大家都同意，作为中美跨国企业，公司里出现这种观点是不行的。"诸葛说。

美国办事处的梅发言说："我觉得我们之中大部分人对中国客户并没有真正了解。但我们所有人对日本客户都比较熟悉，这可能也是原因之一。"

"梅，你提的这点很好。"斯蒂夫说，"我的美国同事中，很可能很多人只知道一两家日本、韩国公司（LG、三星），而对中国领先

的电子产品生产商却一无所知。我想再次强调一下，归根结底还是需要让公司员工了解我们在做什么，我们的客户是谁，我们的前进方向是什么。"

"说得没错。"诸葛说，"这就是为什么我提议各位立刻采取行动。我希望由戴维来负责。首先对公司客户的概况进行介绍，向美国员工展示中国客户强大的市场力量。一旦所有人都了解了中国客户可能给公司带来的业务和收入，这些客户的名字就会铭刻在他们的脑海中。以后这些客户的反馈意见就会受到美国办事处的重视。"

"我来说说美国方面，"迈克尔说，"咱们也别坐等市场营销部的人来给咱们培训了。我们要自己行动起来，了解所有客户，包括中国客户。中国的销售和营销团队确实该给我们做一次公司市场定位方面的介绍，让我们知道我们已有的主要客户是谁，我们正在争取的客户有哪些，使用我们竞争对手产品的客户又有哪些。"

戴维主动请缨，接手了这一行动任务："这个我会和中国市场营销部一起来负责。"

"太棒了。"诸葛说。这部分的讨论也随之结束。

矛盾10：

美国办事处说我们是一个团队，但是分给中国团队的项目时间往往不够

"现在，我想和大家讨论一下关于这个主题的最后一个矛盾。"诸葛说，"这和中国团队所接受的任务的日程管理有关。长期以来，中国团队一直觉得他们没有得到公平对待，分配给他们的任务时间不够。"

斯蒂夫和弗兰克面面相觑了片刻，然后微笑起来。美国工程部经理迈克尔听得分外认真。

"总的来说，我觉得这个问题不仅限于工程部的项目管理，中国的运营团队也受到这个问题影响。"诸葛说。

北京会议室的弗兰克举手要求发言。所有人都转头将目光投向了视频屏幕。

"我想解释一下。"弗兰克说，"这种情况比我们所认为的还要频繁。我想向负责给中美团队分派任务的美国项目经理阐述一下我的看法。我们都清楚，项目的性质决定了在项目计划中，核心研发任务一般都会占据首位。这类项目都由美国团队负责。分派给中国团队的任务一般都在美国负责的核心任务结束之后。很多时候，美国的核心团队都会用超分配给他们的时间，这时候，美国方面不会对项目进度进行延期，而是削减中国团队负责的后继任务的时间，以保证原有的项目最终期限不变。这是我的看法。"

"然后，压力就堆到了中国团队身上，他们必须在缩减后的时间期限内完成任务。"艾瑞克说，"我知道你的意思了。美国方面可以通过改进项目管理来解决这个问题。"

"嗯，这话说到点子上了。"诸葛说，"我们谈到的矛盾不和中，有一些是可以通过我们已有的工具，比如项目管理之类来解决的。这样我们就可以不带个人情绪地来解决问题。"

"项目管理对我们公司来说确实是非常关键的一个环节。"戴维说，"很多情况下，核心研发团队终于完成任务，并将工作转交给中

国团队时，他们往往忽略了，有时候纯粹就是忘记了，前面阶段时间已经花超了。然后所有人都看着中国团队，不明白他们为什么苦苦和时间赛跑。中国团队抱怨说时间不够时，给人的感觉好像是中国团队自己效率不够。嗯，其实这不是中国团队的错，而是项目经理的错！"

"这是中国办事处需要一个强势的项目经理的另一个理由。"诸葛对弗兰克说，"如果没有这样的人，那你要么亲自出面，要么派人不断和美国项目经理沟通核实，以保证中国团队不会一头撞进这种'必输无疑'的局面。"

"对美国方面来说，你们也应该意识到，你们是把任务派给了除了每周视频会议外，根本没机会见面的人。"诸葛继续说，"因此，对于这些人能否按时完成任务，你们心里会更加没底。尤其是一些初级团队成员，他们迫切地想给人留下好印象，所以承诺了一些自己做不到的事情。中国团队成员也不例外。只有像你们这样经验丰富的老手才能发现这个问题。"

"这要实施起来应该不会太难。"迈克尔说。

诸葛宣布此次会议结束。

矛盾重重

第四次会议

矛盾11：

美国团队希望以一种专业的方式来与中国团队互动，但又觉得中国的管理风格很奇怪而且机制不健全

那天诸葛是第一个到达会议室的。房间里空荡荡的。他站在窗户边，看着正在办事处停车场里给草坪浇水的一名男子出神。

人们陆陆续续到来，诸葛转身微笑着和大家打招呼，然后回到椅子上坐下。一分钟后，所有人都各就各位，北京办事处也接通了，视频会议开始，诸葛起身发言。

"今天我们要讨论另一个重要话题，"诸葛笑着扫了所有与会人员一眼，然后继续说，"我们要单刀直入，直捣黄龙，不能有丝毫犹豫，不能留任何情面。"

然后他稍微停顿了一下，继续道：

"美国方面有种很强烈的感觉，认为中国团队的管理机制不健全，怎么说呢，他们觉得一切都是一团糟。"

会议室的各个角落应声传出几声短促的笑声，但很快就消失了。片刻之后，与会人员都咂摸出了诸葛声音中的严肃意味。

"这就是今天我们要深入探讨的矛盾问题。从我和艾莫瑞中国办事处员工交谈的一手经验来看，我可以告诉各位，甚至连中方员工自己都有这种印象。"

诸葛的话再次引起了大家的笑声，但这次会议室里的紧张气氛似乎随着笑声淡化了不少。

"有几位员工给我讲了几件事，关于他们对中国方面的组织结构如何不满，也讲了他们不满的原因。

"我先拣几件重要的说说。中国办事处有人很强烈地指出，高层人员犯错，受责备的往往是低层人员。中方员工还强烈感受到，艾莫瑞中国办事处似乎对员工的职业发展、个人能力发展毫无概念，因此对团队建设活动也毫无概念。

"有一件事至今仍让我困惑不已，尽管我明白这背后的原因。"

所有人都很专注地看着诸葛。

"在中国办事处，谁都不清楚公司的组织结构。"诸葛说，"而且，似乎向全体员工披露公司的组织结构涉及到什么敏感问题。"

"我们尝试过很多次，想搞清楚谁是谁，中方办事处里到底有多少员工。"迈克尔说，"但非常困难，我怎么也得不到相关信息。"

"信息黑暗。"艾瑞克说，"要是让我对中国办事处的文化特点进行归纳总结的话，我就这么来描述，完完全全的信息黑暗。"

美国与会人员的这些反应让北京办事处的与会人员忍不住微笑。他们也有同样的挫折沮丧感。

销售总监文森特说：

"我是做销售的，我唯一的兴趣就是从公司拿到高性能的产品，得到高质量的支持，从客户处得到尽量高的价格。所以我对公司组织内的情况并不了解。但是，我还是要说，公司政治、拉帮结派、勾心斗角在中国办事处并不罕见。同时，热情洋溢、精力充沛的员工努力工作，为公司发展作出自己的贡献，这种情况也同样普遍。中美跨国公司管理层必须能够分辨出不同的员工，不同的情况，积极想办法表彰、奖励、宣扬员工为公司作出的贡献。"

中方应用工程部负责人沃特接口说："事实上，在中国分部，大家都害怕犯错。这是个大问题。"

诸葛微笑着回答道："这种行为是人之常情，是一种自然现象。公司要想成功，就必须要建立一种反制模式，积极鼓励大家敞开胸怀，勇于冒险，并从错误中学习经验教训。我认为，近来中国办事处从美国硅谷文化中汲取了勇气，已经开始重视在公司文化中建立这种反制模式。

"但我必须特别强调一点。要创建这种反制模式，必须以从上到下的形式。如果首席执行官和高层领导定下了正确的基调，鼓励大家不要害怕犯错，那么普通员工对冒险的抵触心理自然就会减弱。如果公司领导没有定下正确的基调，那么不管中层领导怎么努力，也不可能成功。"

中国办事处的销售总监露西还对枫叶公司设计案失利一事耿耿于怀：

"我们公司有一个大问题：中国办事处的人事管理能力低下，效果很差。很多时候，有些颇具政治头脑的员工用英语高谈阔论一番，很容易就把老外糊弄住了，以为他们才是核心团队成员。这样的人在美国办事处也有，但是因为美国主管和这样的人文化背景相同，因此能轻松将他们识别出来。而我们中国人力资源部的员工没有受过相应培训。结果造成在中国办事处，真正努力工作的优秀人才被排挤到一边。我担心他们很快就会离开公司，到更重视他们才能的地方去。我们必须尽快采取行动。"

"嗯，我站在这里就是要解决这个问题。"看到身边的人都热情洋溢地主动谋求积极变化，诸葛非常高兴，"我有几个具体建议，现在就和大家分享。"

诸葛起身走到白板前，开始讲话：

"首先，我要告诉中方主管，也就是手下有员工向其报告的人员，要消除这种矛盾，你们的作用至关重要。我来给你们讲讲你们明天就可以着手进行的几点。首先，利用自己的主管职位，也就是说，要根据你团队中每位成员各自的才能分别对其进行考量，并为他们提供单独辅导。如果你的资历还不足以给他们辅导，那就以一对一的模式与他们交流，以积极开放的态度与他们探讨他们的表现和个人目标。"

中国办事处的沃特举手要求发言。诸葛停下来，让沃特先说。

"我同意您的这个建议。以前也有人提过类似建议。不过，我想如果有像您这样的人为我们提供积极鼓励，将其作为流程在公司里固定下来，我们就能认真遵守，否则这就只能是某个人的看法而已，无足轻重。我还有个问题。为什么这样的单独讨论会有用？为什么？"

诸葛微微一笑，毫不犹豫地回答说："问得好！我简单回答一下：在中国办事处，个人贡献者心里都累积了不少意见，但是由于中国的典型管理风格等级森严，这种意见找不到发泄渠道。与手下员工单独进行一对一讨论，能够带来积极的变化。"

沃特微笑着点头赞同。

"我的另一个建议是，"诸葛继续，"谋定而后动，即便是小小的举措，也能起到一定作用。在我们的办事处，要坚决反对把门关起来。这样做可以有效遏止流言蜚语，或者至少可以把流言蜚语挡在公司门外。沿着墙壁的高层主管办公室的大门一溜烟紧闭着，而中间个人贡献者的小隔间却呈现开放状态，这样会让小隔间里的主管人员有一种被排除在外的疏离感。"

"如果要和客户会谈或者进行电话会议怎么办？"沃特问。

"这些情况当然例外。"诸葛回答说，"尽量在会议室进行客户电话会议，不过如果不得不在自己办公室进行，那就一定要把门关上。

"而美国方面，作为美方主管，你们可以帮上大忙，一有机会就把美国的人事管理最佳实践介绍给中方主管。我提出的所有建议都需要大家经常提出来不断讨论，这样才会有效。只是象征性地介绍一下某个最佳做法根本就不会有什么效果。主动想办法向中方主管提起话题，就如何发现并奖励表现优异的员工进行讨论。刚开始时，中方主管的反映可能会比较冷淡，认为你不过是在客气而已。但如果你一直这么坚持，最后他们会认识到你是认真的。

"现在，我准备谈谈另一个矛盾问题，这个矛盾差点将艾莫瑞公司置于死地。"

矛盾12:

中国员工在无"权"时不愿意采取任何行动，这点让他们的美国同事颇为恼火

诸葛的这番话让所有与会人员都立刻停下了手边的活动，笔记也不记了，交头接耳的也停了下来，全都看着诸葛。

"在艾莫瑞公司，有一种矛盾直接造成了你们枫叶公司设计案失利。我不是说，公司里也没有人认为，这一矛盾是你们失去自己头号客户的唯一原因。枫叶公司设计案之所以失败，还有另外一个更为重要的原因，稍后我们会谈到。我现在要讨论的这个矛盾问题是这样的：中国员工在行动之前总要想法先搞清楚这会带来什么样的政治后果，否则不会采取任何行动。换句话说，他们要先得到'相应的权力'后，才会采取行动。即使这样做会导致你们失掉自己的头号客户，你们也不会改变自己的这种行为。"

所有人的脸上都露出迷惑不解的神色。对枫叶公司设计案失利一事，他们都很清楚。但是诸葛这么说，把设计案失利归结于他们的行为问题，让他们再次感到了那种特别不舒服的感觉。"

"我知道我这么说各位是什么感觉。"诸葛很清楚自己的话对在场各位会有什么样的影响，"但是挖出你们的重大失败，这次枫叶公司设计案失利的根本原因，是我唯一感兴趣的事情。就因为你们新集成电路上存在技术局限，而你们又没有补救办法，枫叶公司便将你们踢出局，这个理由我们无法接受。我从来不认为问题有这么简单。"

然后，诸葛逐点摆出艾莫瑞公司的组织文化，正是这种文化造就的环境造成了枫叶公司设计案最终失利。

"中国支持工程师认为在项目的间隔期间，如果要和客户沟通交流，必须要先获得领导批准。如果他们觉得自己没有这个权力，就不会和客户交流。这种行为很罕见，也非常危险，其根源就在于艾莫瑞公司中国团队的组织方式有问题。简而言之，中国办事处的各个部门地盘意识太强。美国这边，或多或少也同样存在这种现象。但是美国各部门之间还保持着一定的开放性，部门之间的合作也更为容易。我注意到在中国团队里，小组成员抱团抱得很紧，跨职能部门之间不能

积极分享信息（尽管这种情况正在有所好转）。换言之，中国部门各个小组对信息孤岛现象毫无免疫力可言。而西方社会和美国公司对信息孤岛这种组织机制不健全的问题则早有认识。在艾莫瑞公司这个案例中，我认为，这种地盘保护是导致枫叶公司设计案失利的部分原因。"

随着诸葛的这些话，一股压抑的气氛笼罩在会议室上空。所有与会人员都清楚，诸葛道出了事情的真相。其实这一真相他们自己早就明白，只是不愿意公开承认而已。

北京办事处的弗兰克忽然笑起来："如果您是第一次拜访中美跨国公司，中方的这种组织行为方式肯定会让您发疯。"

弗兰克话音刚落，会议室里就爆发出一阵笑声。有几个人感激地看了弗兰克一眼，感谢他用轻松的话语为大家解围。

"没错，"斯蒂夫说，"现在就快把我们逼疯了，不过我很高兴我们能以现在这样积极的态度公开讨论这个问题，没有任何抵触戒备情绪。"

"那么，我们能做些什么呢？"梅问诸葛说，"您所描述的这幅画面让我们觉得这种文化要改善不知要到猴年马月去了。"

"哎呀，这都怪我的坏习惯，我太太说我总是喜欢夸张。"诸葛微笑着说，"我并没有想把艾莫瑞的情况描绘得这么黑暗悲观，只是有那么一点点而已。"

诸葛继续发表自己的看法：

"比较麻烦的是，要一切按正轨运行，需要在最开始时，早在为中国办事处招聘人员时，就必须把事情做对。如果你雇佣的主管人员地盘观念根深蒂固，要改变这种人的行为，让其适应艾莫瑞的公司文化基本上是不可能的。而且你还没办法轻易开除他们。俗话说得好，请神容易送神难。作为中方主管，有助于公司成功的一些基本素质是不能妥协牺牲的。而公司日常业务的开放性就是这样一个基本要求。如果你发现某位中国主管地盘观念浓厚、闭关自守，不愿意和别人分享重要信息，那就不要浪费过多时间教他适应公司文化。用更适合的人员来取而代之，将你的时间花在这个新来人员身上。"

诸葛扫视了会议室中所有人一眼，继续说，"美国方面依然可以起到很大帮助。作为美方主管，你们最好的办法就是只要逮到机会，就积极主动地与中国团队交流。强调说即便没有上级授'权'，公司每个人也都应该有主人翁精神，互相帮助。如果看到客户的要求没人过问，那就想办法唤起大家的注意。如果他们看到其他组有什么问题，就鼓励他们去和中国办事处的总经理就这些问题进行开诚布公的讨论。你可能会得罪一些人，但是必须让员工们学到这些经验教训，哪怕是以一种痛苦的方式。

　　"不管怎么样，我们可以就公司文化滔滔不绝地谈下去，但如果不采取具体行动，一切就是空谈。所以我想把注意力转到下一个矛盾问题，这个矛盾也有助于我们解决公司的文化问题。现在咱们来看看。"

矛盾13:

中国团队希望成长发展，却似乎又不重视坦诚清楚的沟通交流

诸葛走到白板前，一边说，一边将白板擦得干干净净，似乎有很多东西要写到上面。

"下一个矛盾是今天我们将要讨论的最后一个问题。我先提出来，是这样的：美国办事处一致认为，中国团队的工作做得不错，但是沟通交流太少，或者说他们似乎不太重视坦诚清楚的交流。

"我的第一反应是也许这和他们的英语能力有关。但是我很快就认识到这和英语能力没有任何关系。

"我很肯定地说，这种矛盾并非中美公司所特有。事实上，对任何公司来说，这都是执行能力的核心所在。这意味着这种情况在任何公司都存在，不过在中美跨国公司更为常见。我现在想做的不是苦苦思索在中美公司里为什么会出现这个问题，到底是怎么回事，而是找出办法来改善这种情况。

"我来画一幅在座各位都熟悉的示意图。"诸葛边说边在白板上画了下面这幅图：

C = 沟通，L = 倾听

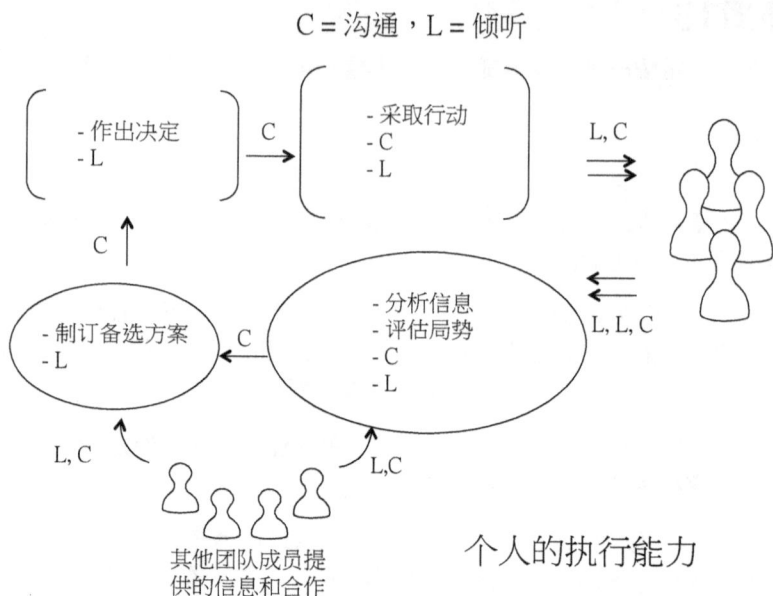

个人的执行能力

其他团队成员提供的信息和合作

（图中文字）
- 作出决定
- L

C →

- 采取行动
- C
- L

L, C

C ↑

- 制订备选方案
- L

C ←

- 分析信息
- 评估局势
- C
- L

L, L, C

L, C

L, C

"这幅图我们很熟悉。"梅说，"亚历克斯，这是你的图！"

亚历克斯大笑着说："这不是我的图，是诸葛用来回答我关于执行力问题时用的示意图，我想这也算是我的图吧。"

听到这些话，诸葛也忍不住微笑起来。"事实上，我在和中国团队讨论执行力问题时，也同样用了这幅图。所以他们也都很熟悉。"

北京办事处的与会人员点头表示同意。

文森特说："这样的解释简洁明了，我很喜欢。不过你在这幅图里加了一些新东西，和以前那幅并不完全一样。"

"没错。首先，我来扼要重述一下这幅图就个人执行力告诉了我们些什么。"诸葛说，"从这幅图，我们了解到执行力往往是一种个人技能。我们当时强调说，执行力这一概念并不是抽象的管理概念。执行力是可以衡量的。我们还了解了执行力的具体构成。我们还谈到过，执行意味着采取以下四个具体步骤：

·分析信息

矛盾重重

· 制订备选方案

· 作出决定

· 采取行动

"但我当时没有强调沟通在执行力中所起的作用。执行力中的沟通这一块儿，正是如今限制着中国办事处成长发展的矛盾所在。"

然后诸葛以下面这种方式详细阐释了这一问题：

"大家从图中可以看到，执行的一大部分，非常大的一部分是沟通。事实上，我们从图片中可以看出，'采取行动'只是执行的一个部分，甚至算不上主要部分。

"这幅图还揭示了一个很有意思的模式。入门级别的员工，或者说初级员工通常都是从'采取行动'这一阶段开始的。他们从上级主管那里接过任务，只管执行就可以了。在职业生涯的这个初级阶段，通常他们都不会介入与目标对象的沟通交流。

"资深的个人贡献者，包括普通主管在内，都位于下面部分，从事'信息分析'和'局势评估'工作。

"最后是经验最为丰富的主管人员，包括高层管理人员，这些人通常负责执行的'决策'阶段。

"很容易看出，初级员工在获得一定经验，掌握了执行能力后，就可以逐渐掌握'信息分析'、'局势评估'和'决策'能力，最后便可独立负责整个执行周期。但是不管该员工处于什么水平，沟通和倾听技巧都是执行能力的重要构成部分。

"有一个现象很有意思。我注意到，不管是在艾莫瑞的美国办事处还是中国办事处，都没有任何人提出过倾听方面的问题，但是这两个办事处的几乎每个人都觉得公司管理在沟通方面存在问题。"

"这样展示执行能力，对我们来说是一个全新的角度。"亚历克斯说。

"对，而且很有意思的一点是，"诸葛回答说，"只要我们能这样来理解这个矛盾，那么补救措施也就不言而喻了。坦白说，只要我们能遵照刚才的解释，提高沟通能力也不是什么太高不可攀的事情。"

"我们现在的情况是，"诸葛开始总结发言，"这一矛盾明确告诉我们，我们的沟通技能还相当欠缺。作为中方主管，你们得抓住这个机会，提高整个中国团队的执行能力，你需要团队成员对整个执行周期都有一个良好的把握。其中一个办法就是仔细观察美国同事的做法，观察美国团队是如何运用这一执行技巧的，并想办法模仿他们的技巧，但必须确保适合中国团队的具体情况。"

"下面的工作我就留给大家来完成了，大家思考一下，如何想办法在公司里落实这一解决方案。"诸葛就此结束了本次会议。

散会前，诸葛最后补充了一句：

"请各位注意，下次会议将是我召开的最后一次会议，时间会长一些。我们将从销售和市场营销的角度对我认为最重要的几个矛盾问题进行探讨。"

矛盾重重

第五次会议

矛盾14：

美国办事处希望在中国市场取得成功，但在建设中国市场营销团队时，却只是把表现欠佳的技术人员调到市场部去

又一个周四到了，诸葛来到会议室时，屋子里已经坐得满满的。

到处都是艾莫瑞员工：会议桌边，墙边的椅子上，还有几个靠在门上。诸葛踏进会议室时，北京办事处那边正有人在用中文说着什么，所有人都在看着屏幕笑。诸葛注意到，房间里洋溢着一种特别的气氛，大家都情绪高昂，看起来似乎心情都很不错。

北京办事处的销售副总裁杰夫带着一脸灿烂的笑容和诸葛打招呼："诸葛，你看到自己有多受欢迎了吗？大家知道今天是你最后一次会议，所以人人都想参加。"

"我已经看到了，看到所有人都到场，我感觉非常好。"诸葛也报之以微笑。

诸葛没有像往常一样立刻进入正题，而是等了几分钟，与会议室里的几个人闲聊了几句。直到没有人再进来后，诸葛才开始了本次会议。

"感谢所有第一次参加会议的人员。如果各位同意的话，我还是打算像以往一样直入主题，不单独给新来人员进行额外介绍。"

看到大家都点头表示同意，诸葛继续发言：

"我们今天要讨论好几个矛盾现象。头几个矛盾都涉及到市场营销这个话题。我们都知道，在市场营销方面，艾莫瑞公司存在严重不足。

"具体点说，我们都知道，艾莫瑞中国的市场营销能力很弱，而艾莫瑞美国的市场营销能力相对较强。这对各位来说也不是什么新闻。我知道，在艾莫瑞这样的中美跨国公司之所以会出现这样的现象，原因是多种多样的。其中一个原因就是，中国大陆普遍还缺乏良好的高科技营销手段。我知道中国方面的员工一直在努力寻找优秀的营销人员。出现这一矛盾的第二个原因就更有意思了。"

说到这里，诸葛略微停顿了一下。

他扫视了屏幕上的听众一眼，注意到北京办事处的销售和市场团队都在。

诸葛清了清嗓子，继续说："有趣的是，中方主管普遍都倾向于将对现状不满或表现较差的技术人员调到市场部。艾莫瑞的决策者错误地认为，市场营销'技术含量低'，对员工的技术能力要求不高，所以与其让这些员工离开，不如让他们去市场部更合适。"

有几个人互相看了对方一眼，眼里都是深思的神色。

"把技术人员调到市场营销部本身没什么问题，事实上，对这种做法我们还应该加以鼓励。"诸葛说，"但是如果认为这就足以打造出一支优秀的市场营销团队，那可就大错特错了。我强烈建议艾莫瑞中国管理层抵制这种做法，不要再例行公事般将不满或表现不佳的技术人员打发到市场营销部去。相反，中方主管应该坚持雇佣具有职业营销能力的真正营销人才。如果某位技术人员确实表明自己有足够的能力担任市场部某个职位，那就让他到市场部担任营销主管，但是这一决定只能是根据他的市场营销能力。绝对不要只是因为你想把某个对现状不满的技术人员留在公司，而让他去担任营销经理一职。"

这时候，中国办事处的市场营销经理小马举手提问。

矛盾15:

在中国，员工说他们有项目管理能力，但是任务负责制和任务管理还存在大问题

"诸葛，我有一个任务管理方面的问题。要搞好市场营销，需要有经验丰富的营销人员，同样，我认为项目管理也一样非常重要。而在我们公司，项目管理也很成问题。这该如何解决呢？"

诸葛微笑起来，对小马的问题表示认同。在北京时，诸葛曾经和小马就这个问题谈过几次，他知道小马对此很有兴趣。诸葛也清楚在中国大陆很难找到拥有出色营销才能的人才，而管理能力出色的人才也相当短缺。

诸葛是这样回答小马问题的："对艾莫瑞公司来说，这是一个非常重要的问题。我来给大家讲讲我的印象。目前在贵公司，中国项目经理这一角色非常弱，根本起不到什么作用，已经沦为了束手无策的任务收集员和文件管理员。我之所以用'束手无策'这个词，是因为除了发送提醒邮件'催促任务负责人'外，你们所谓的项目经理根本没有能力推动项目向前。"

中国销售总监露西和中国应用工程部主管沃特点头表示同意。

露西说："我们销售部和营销部在雇佣新人时，确实看到他们在简历里写着自己有过项目管理的经历，但是开始工作后，却发现他们的经历似乎对艾莫瑞公司没什么帮助。我们不知道是怎么回事。"

"毫无疑问，有很多人都上过项目管理课，拥有这方面的证书。"诸葛回答说，"但这只说明他们理解项目管理的概念，或者说可能知道如何使用微软项目管理软件。而要管理高科技项目，仅仅对概念熟悉，对软件工具熟悉是不够的。"

诸葛接着提出了如下建议：

"优秀的项目经理是无可替代的。作为中国主管人员，如果能找到优秀的资深项目经理，那就尽快将他请进公司。让他独立工作，直接向市场部副总裁或中国地区总经理或其他非工程或销售部的高层领导汇报工作。"

矛盾重重

然后诸葛转向身边美国会议室里的员工说："美国方面，你们也可以这样来帮助中国团队：你们把希望中国团队完成的每个任务都按顺序列出子任务列表来。将这些任务分解为具体步骤。这样会很有帮助。"

　　这时候销售副总裁杰夫举手问道："诸葛，我想知道您对目前中国的市场营销状况还有别的看法吗？"

　　诸葛微笑着说："我下一个话题正要谈到这个。"

矛盾16:

中国办事处希望能负责产品的全部流程，但是中国的市场营销团队却无法负起责任，承担起主导作用

"你们艾莫瑞公司中国和美国团队之间，之所以会出现这么多的矛盾脱节问题，还有另外一个原因，那就是：中国市场营销团队太弱。"诸葛说，"事实上，很多问题和矛盾之所以出现，就是因为中国的营销团队没有起到带头作用。"

"在此，我要敦促各位，认真看待市场营销问题，将其看作任何高科技公司不可或缺的关键环节。特别是在我们的半导体行业，除了工程团队外，市场营销团队的重要性是无可匹敌的。而艾莫瑞公司现在的状况是，所有客户都在迅速流向你们中国的竞争对手，因此拥有有力的中国营销队伍，对你们来说更是至关重要。"

诸葛似乎想起了什么，微微笑了起来，说："从总体上来说，艾莫瑞的中国市场营销还停留在这样一个阶段，认为只要健谈，那就有足够的资格进入市场营销这行。而真正的市场营销，需要广泛拥有深入的营销思维能力，还要有能力从大处着眼看待细分市场，同时，还要了解什么是有竞争力的产品，有哪些细节需要注意，而艾莫瑞在中国的市场营销还没有演化到这一步。"

"咱们来谈谈一个很具体的问题：如何主导。我的中国之行让我觉得，中国的市场营销团队尽管充满热情，非常有活力，但相对来说还是太过年轻，经验不足。他们还不习惯起到主导作用，他们的领土很容易就受到能量十足的中国销售团队的侵犯。而销售团队的工作性质决定了他们必须主动出击，才能实现目前的季度目标。因此，中国的市场营销团队往往落在了销售团队之后。"诸葛边说便对着露西和在座的其他销售人员微笑。他们也对诸葛报之以微笑。

"那么，我们该怎么办呢？"诸葛问道，然后自己回答说：

"就中国方面来说，你们可以采取以下具体步骤，来减少这一矛盾所带来的负面效应。首先，让中国市场经理来主持每周一次的市场营销-销售会议。这个会议和每周的销售例会类似，不同之处在于，销售例会由销售部来主导，而市场营销-销售会议则由市场部来主

导。在这些会议上，市场部经理必须要带来新的信息，提出新的战略战术或建议，否则这类会议就会对销售部失去吸引力。这类会议想要达到的目标只有一个：用具体的办法来帮助销售。可能是达成一项协议，开始一个新的设计项目，进行产品宣传以对抗新出现在客户门前的竞争对手。总之，如果销售经理在和市场经理讨论后，觉得自己的问题得到了圆满回答，感到自己充满了力量，那么市场经理的工作就算是圆满完成。"说到这里，诸葛停下来休息了片刻。

露西和平时一样，一涉及到销售和市场营销的话题就热情洋溢，表现出强烈的进取精神。"我认为美国市场营销团队也可以帮上忙。也许他们能对中国市场部的工作提供指导、培训，为他们传授经验教训。"

"完全正确。"诸葛看了美国市场部经理戴维一眼，"当然，如果你们能在中国找到一位经验丰富的市场营销人员，可以马上着手工作，那是最好不过。在解决这个矛盾问题上，美国方面能起到很大作用。我来给大家提几个可以立刻着手施行的建议。"

诸葛飞快地喝了一口水，继续说：

"首先，戴维，你要亲自直接与中国办事处的两位市场营销经理互动，这点非常重要。

"不管中国的市场经理是进行竞争调查分析的，还是支持合作伙伴活动的，或者是帮助美国团队进行产品定义的，如果你拿起电话，直接和他们讨论，你都会从他们那里得到很多信息。只是读读他们的邮件报告和文件，这远远不够。

"从很大程度上来说，市场营销工作依赖于和公司内持有不同独立见解的各色人等进行交流探讨。美国方面的观点，比如提出出人意料的问题、有用的提示、你们自己的信息，所有这些都会给中国市场经理带来新层面的信息，加深他们对问题的理解，这对他们来说是很宝贵的。如果他们只是和自己人交流，就像在回声室一样只听到自己的观点，就会局限住自己，而美国方面的帮助有助于他们打破这种局限。我认为，中美团队之间的有效团队合作，对完成市场营销任务会有很大帮助。"

矛盾17：

美国市场营销团队想向中国客户推销产品，却又一直对他们的意见听而不闻

"你们告诉过我，客户对你们最常见的抱怨是什么？"诸葛问。

露西回答说："他们觉得我们的市场营销部没有向他们展示我们的新产品和新的产品计划。"

"你们知道他们为什么有这种抱怨吗？"

销售副总杰夫插话说："中国客户一般都更倾向于能提供新产品的供应商，他们甚至会根据自己在这方面的观察决定选用哪位供应商。所以作为供应商，如果你在为中国客户服务时，没有正确强调这个方面，那么了解中国客户这种心态的竞争对手就会抢到你前头。"

"从某种意义上来说，"诸葛说，"所有客户都有类似的这种期望。所以，这也再次说明，中国客户和其他客户并无不同。任何客户在同意将你们公司作为他们的供应商前，都会对公司的安全性和竞争力进行衡量。"

"不过，中国市场经理负有直接责任。不管美国市场营销团队多么厉害，如果他们不能听到中国客户或中国市场的声音，就会错过所有正确的信号，不能为公司妥善定位。这就是为什么在这方面中国市场经理应该起到主导作用，因为能听到中国客户的声音，与中国客户保持同样的市场步伐的是中国的市场营销经理。"

"你觉得我们应该怎么做？"杰夫问道。

"有两个具体的战术步骤可以避免这个问题进一步恶化。"诸葛回答说，"一，公司为客户做的任何演示，都必须由中美双方的市场营销团队一起来准备。二，单独留出一定时间，在这个时间段里，中国市场经理应该就细分市场中某个中国客户的心态和基本特征与美国市场团队进行探讨。你可能会很吃惊，很多时候这个工作居然没人去做。"

"至于美国这边，我来给你们提供这样一个视角。作为典型的美国市场营销团队，你们可能比较熟悉美国客户。但是问题是，美国的

市场营销团队往往太沉迷于过多地谈论自己，自己的产品，自己的公司，自己有多棒。如果中美双方的市场营销团队能花点时间，从心理学和文化的角度，分享一下自己对市场的理解，对客户的理解，就能够给演示增加一个以客户为中心的全新视角。"

说到这里，诸葛略微停顿了一下，似乎在整理思绪，以便进入细节方面的探讨。

"对美国方面来说，你们很容易陷入一个陷阱。"美国办事处的与会人员向前倾了倾身子，很认真地看着诸葛。

"这个陷阱就是，美国方面往往认为中国市场团队关于中国客户类型、中国客户的心态和喜好方面的意见太过主观，依据不足，所以不屑一顾。这种思维陷阱还让你们认为，中国市场经理经验不足，所以对中国客户的个性方面关注太多，而你们是专业的市场营销人员，对那没兴趣。你们会对自己说，你们会保持理性，专注于产品和公司的强项所在。不过，如果你们认为中国市场营销人员之所以谈论客户的个性特点，是因为他们缺乏经验，那你们就错了。事实上，很多时候，就算是经验很少的初级中国市场人员对中国客户的了解，也是经验丰富的美国营销人员难以企及的。这是因为中国营销人员在谈论中国客户的时候，实际上是在谈论自己的中国同胞。谁会比中国人更了解中国人？"

矛盾18：

在为中国市场进行产品定价时，中美双方依然存在战略失配问题

"现在我想提出来讨论的话题是中国销售团队和美国市场营销团队之间不断有摩擦冲突的一个问题。"

"他肯定是在说定价问题。"北京办事处的销售副总杰夫这么想着，脸上不由自主露出一丝期待的微笑。

"在座销售部和市场部的各位可能已经猜到了。"诸葛说，"对，就是关于中国市场的定价问题。在这方面，存在着严重的矛盾脱节。

"在我继续深入这个话题之前，我先澄清一点，我不会提出具体的中国市场定价战略。原因很明显，每个产品线、每个细分市场、每个定位战略和每家公司都是不同的。不过，我会简单谈谈相关的思路和方法。"

诸葛停住话头，走到白板边，然后继续说：

"一般而言，像艾莫瑞这样的公司，市场营销由美国方面推动，所以产品定位和定价由美国办事处来确定。矛盾往往就是从这里开始的。除非美国的市场经理对产品在中国市场的定价和定位很有经验，否则第一次时很容易弄错。他们会根据自己从非中国市场了解到的情况对产品进行定价，也即是说，给量少的样品定的价位偏高，通常是正常价格的三到四倍。而正常定价也是如此，购买量少价格则高，量越大价越低，一般来说，超过10万套后，定价就会下降。

"这种定价模式在非中国市场行得通，但在中国市场却不行，它带来的麻烦是这样的。在中国，雄心勃勃、愿意冒险首先尝试新的技术趋势或新标准的往往是一些小型公司。这些公司通常由两三个企业家，两三个极富经验的生意人组建，目的是挣快钱。抢先发现本地市场趋势初期信号的往往是这些人，而不是大公司。大公司重点关注的是整个中国市场，因此往往漏掉了这些规模较小的本地趋势。而对擅长短平快的不知名小型公司来说，这样的本地市场潜力已大得足够吸引他们。但同时，这些小型公司对价格非常敏感。你猜怎么着，你们公司把样品价格定得太高，成为了这些小公司进入市场的障碍。

矛盾重重

"这些小型的本地企业愿意首先尝试你们的产品，但同时他们的需求量很低。这是因为他们的市场很狭窄，主要集中在本地的目标市场，初期的需求量可能只有每个月1000到5000套产品。而你们公司的传统报价是量低则平均售价高的模式，这种模式显然不适合他们。

　　"换言之，本地的选定市场很难渗透，而能够帮助你们进入这类市场的客户往往初期的需求量又很低，你们这种传统定价模式让他们无法起步发展。看到这个矛盾了吗？这对你们的中国销售团队也没什么好处。

　　"要解决这个定价矛盾，办法很明显，就是要重新思考你们针对中国市场的整个定价模式。首先，你们在定价时，可能必须把利润率定得比平常要低一些。第二，将样品的价格定低一些，用样品来作为进入市场的敲门砖，甚至可以限量免费提供一些样品。最后，与其从量低价高开始，然后随着订货量的加大而逐渐降低价格，不如一开始在量更低的时候，将价格定在合理的低位，等到达一定订货量后，再将价格稳定下来。"

　　"这些就是我对这一矛盾的小小见解。"诸葛说，"杰夫，你觉得怎么样？有道理吗？"

　　"非常有道理。"杰夫回答说，"我从加入这家公司起，就一直在提类似的建议，不过你的建议更好！"

　　"我很高兴咱们看法一致。"诸葛微笑起来，"现在咱们转到下一个矛盾现象。"

矛盾19:

美国办事处希望利用中国客户的需求，却又不理解中国客户的需求模式

"客户预测是下一个矛盾所在。"诸葛说，"到目前为止，我们已经看到，像艾莫瑞这样的中美跨国公司，确实存在着一些矛盾问题，这些问题会让中美双方的销售和市场营销管理层之间争执不休，造成彼此之间的积怨。这个矛盾问题就是其中一种。"

销售部和市场营销部的人员互相看了一眼，都微笑起来。他们非常清楚诸葛在说什么。

"我就直说了吧。美国方面总是期望中国客户能提供稳定的未来半年预测，以便公司准备供应存货。不管是美国、欧洲还是日本的高科技电子产品制造商，几乎都会给供应商提供这样的预测，只有中国客户例外。中国客户天生就不适合这个。

"但美国方面，除非真正认识到了这一让人不快的现实，否则会认为这只是因为公司的销售团队对中国客户催得还不够紧。而中国方面的回应一直是说中国客户不能提供这种预测信息。所以矛盾就爆发了，双方争执不断。

"当然，如果你们是家规模很大的集成电路供应商，每季度或每个月的供货量很大，那情况会好一些。如果你们在市场上很受欢迎，客户的需求量越来越大，你们的处境也更有利，因为存货积压的风险更小。但是，还是会有意料之外的需求波动，而且备货周期非常短，所以在满足客户订单方面依然会存在问题，这些情况在中国都非常普遍。"

"那么，"诸葛继续说，"我们该怎么办呢？

"如果对中国电子产品生产商来说，你只是一个中小型的供应商，那么你别无选择，只能调整自己来配合他们的行为模式。不过，你不用把这看成是一个问题，可以反过来看。你可以说，作为中国主管人员，你可以调整自己以满足客户不可预期的供货需求，这样就有机会让自己公司更好地脱颖而出，而不是因为客户不愿意调整自己遵守行业规范而感到痛苦。每个公司的情况都有所不同，具体情况需要

具体解决。但我想说的关键要点是，即便是中国客户这样明显的负面行为，也可以变成机遇。只要能想出巧妙的可控供需方案，就能让公司脱颖而出。需求增加后，这个问题也会随之缓解。

"在美国方面，很可能你们会认为，坚持让中国客户提供稳定可靠的预测是应该的。你们会觉得自己应该站在行业最佳实践一边，要改正的是中国客户，他们应该变成熟，遵守同样的规范。

"为什么中国员工常说美国员工不了解中国，这就是原因之一。中国客户最终确实可能会开始遵守行业规范，但现在他们还没有这么做，也没有什么理由非要强求他们这么做。这样只会给中美团队带来不必要的摩擦。要解决这个矛盾，最好的办法是首先确保客户把你们当朋友看。首先改变自己适应他们的行为模式。成为他们最喜欢的供应商。然后客户才愿意听从你们的建议，采纳更好的预测模式。"

诸葛四顾了一圈。他的这番话让销售和市场团队明显松了一口气。

"现在，我想提出今天要讨论的最后一个矛盾问题，这也将是我要和大家一起讨论的最后一个矛盾。"

会议室里所有人都立刻警觉起来。

诸葛拿起面前的瓶子，喝了一口水，然后继续开始下一个问题。

矛盾20：

美国办事处为自己的执行力感到自豪，但是对中方的响应却非常慢

"我在和很多人讨论时，最后这个矛盾都是一个主要话题。这个矛盾是：美国办事处对中国方面提出的问题响应非常慢。太慢了，枫叶公司用你们竞争对手三国公司的芯片来替代你们公司的芯片时，给出的主要理由就是这个。"

"这个矛盾也许会让一些美国员工吃惊。但我对这个问题的解读有所不同。我觉得这件事情告诉我们，游戏规则已经变了。"诸葛继续说，"一般来说，如果客户在中国设有设计部门或生产厂（现在这个时代，又有哪家公司不这样呢，对吧？），在为他们供货时，位于中国的客户会期望你对他们的问题高度关注，并迅速作出响应，这点你们得接受。"

美国办事处的艾瑞克举起手。诸葛停下来，等着艾瑞克的问题。

"我不明白的是为什么忽然就这么迫不及待地要我们噼里啪啦给出回应？"

诸葛点头，对这个问题表示理解，"因为本地半导体公司的竞争。"

会议室里有片刻的沉默。

然后诸葛继续道："大家需要一点时间来消化这一新的现实情况。有了竞争对手生产的半导体芯片，你们不再独霸天下了。与你们竞争的中国本土公司离客户只有几里路之遥，和你们的客户处在同一个国家，与你们相比，他们优势更大。中国客户期望自己的要求能尽快得到回应，而如果你们还没有做好准备迎接这一挑战，有了中国本土的竞争对手做对比，你们的行动就会显得非常慢。艾莫瑞失去枫叶公司设计项目一事，就清楚地说明了如果公司不能快速对客户的要求作出响应，会带来怎样的后果。"

"现在咱们来谈谈如何解决这个问题。"诸葛继续说，"最好的解决方案是，尽可能在中国本土由艾莫瑞中国分部作出决策，这样可以更快地对中国客户的问题作出响应，并尽快执行。"

听到这些话，在座各位心头泛起了各种不同的情绪和感觉。有些人立刻就明白了这个建议意味着什么，重大的改变正在发生，而他们就是见证人。他们的这种推断是完全正确的。诸葛说决定必须在中国本地进行，这意味着决策权必须从美国办事处转到中国办事处。

另外还有几个人刚开始反应过来这个建议真正意味着什么，他们四顾左右，希望从别人的脸上印证自己的想法：这是不是意味着美国方面的有些职能会永久性地转移到中国办事处？有多少职能会转过去？只有几个吗？只有高层职能吗？还是说所有职能都要转过去？

几分钟后，他们脑海中出现了这样一个挥之不去的念头：从这个建议不可避免地会得出美国办事处员工会减少这一结论。

他们深吸了一口气，全神贯注地听着诸葛接下来的话。

"将专业技能固定在美国，并在其与中国办事处之间建立一个沟通渠道。这不失为一种解决之道，但只能算是下策。目前艾莫瑞公司就是这么处理的。只要没有危机，这种解决方案还是行得通的，但是一旦客户那边有什么紧急情况，实践证明，这种办法速度就跟不上了。我说这是下策，是因为艾莫瑞在另一个方面也非常薄弱：你们中美办事处之间的沟通交流非常薄弱。如果艾莫瑞想将技术专长保留在美国，唯一的途径就是加强中美之间的沟通交流和加强我们上周谈到过的执行能力。"

"这意味着，如果想保住工作，我们别无选择，只能改进中美沟通技能。"说完后，迈克尔笑了起来。

"另外还有一点我想指出来。"诸葛继续道，"中美办事处之间除了存在时间和距离上的差异外，在美国办事处还普遍存在着一种对中国客户漫不经心的态度。这种态度妨碍了你们公司发展壮大。作为美方主管，通往成功的最佳道路就是摆脱这种态度，了解游戏的新规则，集中精力在新的游戏中打败竞争对手。

"问题总结得差不多了。到这里，我关于各种矛盾的讨论就结束了。"

诸葛的表情很严肃，他非常清楚自己建议将决策权转移到中国办事处意味着什么。不过，艾莫瑞也不是非这么做不可。还有选择，至少现在还有选择：要么加强中美之间的沟通交流，要么将决策权完全转移到中国办事处。在提出这种选择时，诸葛其实也是在为美国团队指出一条出路：

要么加强执行力，要么束手待毙。

与会所有人员，包括中美两个办事处的所有人员，都站起来，热情洋溢地对诸葛表示感谢。

"我笔记本里还记录了几个矛盾脱节问题没有在会上谈到，我想把这些发给你们。"诸葛说，"戴维，我会把我的完整记录列表发给你，你能在公司里分发一下吗？"

戴维表示同意。大家陆续起身，美国会议室的每个人都和诸葛握了握手才离开会议室。

等到诸葛走出艾莫瑞美国办事处大楼时，已将近晚上十点了。四周一片寂静。月亮挂在高高的树梢，诸葛穿过空无一人的停车场来到自己的车边。

忽然之间，诸葛觉得筋疲力尽。一首中国古诗不知从哪里钻入他的心头。他竭力回想，却想不起具体的词句。他站在车边，抬头看着天空，轻轻叹了口气，自言自语道："语言的洪流已经消退，过往那些风流人物的丰功伟绩，却依然让我思慕不已。在这静寂的无边夜色中，我又在做些什么呢？"

诸葛试图回忆起的这首诗是陈子昂的《登幽州台歌》：

前不见古人，

后不见来者。

念天地之悠悠，

独怆然而泪下。

后记

四个月过去了。

艾莫瑞停止了流血，重组了中美办事处，并在诸葛提供的矛盾解决工具的帮助下，改进了公司的工作环境。

但现在，公司又面临着一系列全新挑战。

简而言之，所有这些新挑战都可以归结为一个问题：艾莫瑞的下一个新产品应该是什么？

新上任的产品市场营销副总裁姓荀。荀经验丰富，脾气随和，但同时又非常坚定。他采取了一些新颖的措施来应对挑战。

在和销售副总裁杰夫、首席执行官、还有诸葛的一次会谈中，荀说："我会和所有客户都谈谈，大概有三十人左右，我会向他们展示我们下一个产品的理念，并请他们对其进行验证，挑出其中的漏洞，告诉我们他们希望做些什么改动。"

说到这里，荀暂停了片刻，整理了一下思路，又接着说："然后，我可能需要抛开所有反馈意见，重新思考我们的产品战略。"

诸葛微微一笑。他立刻就明白了荀想说什么。荀的这番话让杰夫也兴奋起来。如果换成是他，他可能不会用这样戏剧意味十足的措辞，不过杰夫知道荀走的这条中国市场之路是正确的。

荀想说的其实是这个意思：产品市场营销不能只依靠客户对未来产品的意见。很多情况下，客户其实是不知道自己未来到底想要什么的。但等到那时，他们肯定又会坚持立刻就要。

所以，像荀这样经验丰富的产品营销经理在这次会谈中展示自己的战略时，他想说的其实是产品市场营销必须首先依赖于公司的优势所在。公司的愿景、使命、核心竞争力、不同于其他公司的强项和弱势、公司未来将涉足的不同细分市场，在制订切实可行的产品开发计划图时，所有这些因素都应该考虑进去。

当然，客户的反馈意见也是其中不可或缺的一部分，但不是唯一一部分。

杰夫是这样表达自己的看法的。"我知道您的想法是什么。"说到这里，杰夫转向首席执行官说，"一般而言，中国客户目光都比较短浅，不愿意用更好的产品来引领高科技市场。中国的很多高科技电子产品制造商往往会在后来才进入市场，依靠低价从市场领军企业那里分得一杯羹。所以，如果我们要引领甚至创建新的细分市场，完全依靠他们的反馈意见不能算是明智之举。"

接下来的几个月里，荀将自己的话完全落到了实处。在首轮拜访客户完毕后，他和艾莫瑞的内部团队就未来产品方向进行了广泛讨论。他将客户的所有反馈意见都展示给了团队，并就强弱之处进行了深入探讨，最后根据团队的评估作出了自己的判断。

然后，他单独与两位具有战略意义的客户进行了接触，向他们提出了自己的建议。艾莫瑞会专门为这两位客户开发一款独家产品，其性能在未来四到五年内将无可匹敌。

客户该做些什么呢？客户得对艾莫瑞的产品开发进行投资。荀呈交给客户的投资计划是以阶段性成果为基础的，这意味着如果艾莫瑞交付的产品性能达不到承诺，客户便可以停止投资。

这个提议颇具风险。如果客户接受，这便为艾莫瑞铺平了道路，让艾莫瑞将公司实力集中到工作上，因为产品已有客户支持，所以再无后顾之忧。当然，作为代价，艾莫瑞为其他中国客户提供的服务会大大减少，不过，据管理层评估，这个问题属于可控范围。

在充满了各种技术细节的漫长谈判过程中，荀一直尽量使用简单的商务术语。最后，艾莫瑞和客户达成了协议。

现在就靠团队来执行协议，交付成果了。

签署协议后的第二天，他们几个在附近的咖啡馆会面，大家都觉得一身轻松。

诸葛问："下面两种中美跨国组织形式，你们更喜欢哪一种：第一种，公司一片混乱，数十家中低端客户天天催着你压价，或者要你提供不同的产品性能，而订货量却又很少，但是对新产品却没有战略方面的要求；第二种，公司井井有条，对一切更有把握，只有三到四个非常忠诚的客户与你们一起决定未来的优秀产品该是什么样。"

"我猜你这么问是想从中美组织成熟度的角度，看看我们是否做好了准备，从第一种组织形式向第二种进行战略转变。"荀回答说，"不管什么时候，我都选择第二种。"

"这么说来，你是觉得自己已经找到了适当的方案，可以解决中美跨国公司的产品营销组织结构问题了？"杰夫问。

"还没有！"荀笑着道，"不过我正在对传统的市场营销组织形式进行反思和质疑。在过去，公司的销售、研发、市场营销部门都位于同一个国家，甚至就在公司同一栋楼里。在这样的情况下，形成了传统的产品市场营销职能。但是现在，在我们这样的中美跨国公司里，情况已经不同了。客户在中国。公司的销售团队在中国。而研发团队却在美国。产品营销团队该安排在哪里呢，在美国还是在中国？"

大家都沉默下来，思考着究竟什么才是正确的答案。

附录

诸葛的矛盾问题列表

重重矛盾	类型
没有在艾莫瑞会议上讨论的矛盾问题	
在中国团队里，产品发布流程没有得到理解或遵守	流程
在中国办事处，高管层和低层员工之间的沟通交流很少	心态与观念、习惯、流程
在中国办事处，新员工能了解到的公司信息少得可怜	流程
美国办事处多个领导同时向中国团队派发任务	执行能力
因为需要多个审批，所以在履行客户订单时往往出现延误	流程、执行能力
在中国，应用工程部和工程部的职能不明确	流程、执行能力
在中国支持团队中，应用工程师和工程师的工作时有重复	执行能力
中国支持团队对产品的了解非常有限	流程、执行能力
艾莫瑞会议上讨论过的矛盾问题	
矛盾1：美方主管人员要求中方团队保持专注，但同时又忽略中国主管的权威，造成工作中断	流程、习惯、心态与观念

矛盾重重

重重矛盾	类型
矛盾2： 同一家公司，但其中国办事处和美国办事处的奖励制度却不一致	流程
矛盾3： 中国和美国团队工作都同样努力，但是中国团队的工作却没有得到重视	执行能力、心态与观念、习惯
矛盾4： 中国办事处希望参与核心产品研发，但却多次将机密的未来产品文件泄露给竞争对手	执行能力、心态与观念、习惯
矛盾5： 中国团队说英语对他们不是问题，可他们提供的文件质量差这个问题却一直存在	执行能力
矛盾6： 中方办事处一方面说他们尊重美方的管理流程，但同时中方的高层管理人员又经常不经讨论便擅自改变工作优先重点，给流程造成干扰	流程、习惯、心态与观念
矛盾7： 艾莫瑞自称为国际公司，但美国团队却不重视中国团队	心态与观念、习惯
矛盾8： 美国办事处希望能进入中国市场，但是却不愿意与中国办事处的员工分享公司计划	执行能力、心态与观念、流程
矛盾9： 美国办事处想把产品销售给中国客户，但是却又不肯认真对待中国客户的反馈意见	心态与观念、习惯、流程
矛盾10： 美国办事处说我们是一个团队，但是分给中国团队的项目时间往往不够	执行能力、心态与观念

重重矛盾	类型
矛盾11: 美国团队希望以一种专业的方式来与中国团队互动,但又觉得中国的管理风格很奇怪而且机制不健全	流程、心态与观念、习惯
矛盾12: 中国员工在无"权"时不愿意采取任何行动,这点让他们的美国同事颇为恼火	心态与观念、习惯
矛盾13: 中国团队希望成长发展,却似乎又不重视坦诚清楚的沟通交流	流程、执行能力
矛盾14: 美国办事处希望在中国市场取得成功,但在建设中国市场营销团队时,却只是把表现欠佳的技术人员调到市场部去	心态与观念、习惯
矛盾15: 在中国,员工说他们有项目管理能力,但是任务负责制和任务管理还存在大问题	流程、执行能力
矛盾16: 中国办事处希望能负责产品的全部流程,但是中国的市场营销团队却无法负起责任,承担起主导作用	执行能力、心态与观念
矛盾17: 美国市场营销团队想向中国客户推销产品,却又一直对他们的意见听而不闻	执行能力、心态与观念
矛盾18: 在为中国市场进行产品定价时,中美双方依然存在战略失配问题	执行能力、心态与观念、习惯

矛盾重重

重重矛盾	类型
矛盾19: 美国办事处希望利用中国客户的需求，却又不理解中国客户的需求模式	心态与观念、习惯
矛盾20: 美国办事处为自己的执行力感到自豪，但是对中方的响应却非常慢	执行能力

致谢

2007年6月，我在加入美国凌讯科技公司大约一个月后，来到北京。从我到达北京的那一天起，我就爱上了中国。也许这种情绪和我是印度人（现在我是印裔美国人）有关。在北京，我有一种回家的感觉。我在那里的生活中感受到的那种热情，引起了我的共鸣。那种感觉，就像是长年在外的游子回到故乡时所感受到的热烈情怀。所以，首先我要感谢中国，感谢我中国的同事，感谢我在整个职业生涯中在中国认识的朋友们。

感谢我以前在凌讯公司的同事陆军和王劲毅。在我写作和修改本书的过程中，他们为我提供了不少中肯的建议，给了我很大帮助。

感谢徐珍将本书翻译成中文，并在翻译过程中指出了英文中几处错误之处。

最后，我还要感谢美国凌讯科技公司的创始人杨林和董弘，以及公司的首席执行官张征宇博士。不管在任何情况下，和他们共事都非常令人振奋。

Raj Karamchedu
2012年11月
于加州山景城 (Mountain View)

www.ingramcontent.com/pod-product-compliance
Lightning Source LLC
Chambersburg PA
CBHW031810190326
41518CB00006B/269